Das Telephon
und sein Werden

Von

August Rotth
Oberingenieur der Siemens & Halske A.-G.

Mit einem Geleitwort von
Dr.-Ing. e. h. E. Feyerabend
Staatssekretär im Reichspostministerium

Mit 33 Abbildungen

Berlin
Verlag von Julius Springer
1927

ISBN-13:978-3-642-89302-5   e-ISBN-13:978-3-642-91158-3
DOI: 10.1007/978-3-642-91158-3

Alle Rechte, insbesondere das der Übersetzung
in fremde Sprachen, vorbehalten.

Softcover reprint of the hardcover 1st edition 1927

Geleitwort.

Am 12. November 1877 ist der Fernsprecher in der von Amerika übernommenen Form in Deutschland in den Dienst des öffentlichen Nachrichtenverkehrs gestellt worden, indem das Postamt in Friedrichsberg bei Berlin zur Übermittlung von Telegrammen durch eine mit Fernsprecher betriebene Leitung mit der nächsten Telegraphenanstalt verbunden wurde. Der Fernsprecher blickt also in Deutschland im Jahre 1927 auf ein fünfzigjähriges Wirken als Werkzeug des öffentlichen Verkehrs zurück. Bei dem mächtigen Einfluß, den der Fernsprecher auf die Entwicklung des Verkehrs und damit auf Wirtschaft und Kultur der ganzen Welt ausgeübt hat, ist es selbstverständlich, daß dieses Jubiläums seitens der Deutschen Reichspost gebührend gedacht werden wird.

Dabei rollt sich von selbst wieder die Frage nach dem Erfinder des Fernsprechers auf. Bekanntlich sind die Ansichten hierüber geteilt. In den Vereinigten Staaten von Amerika, und unter ihrem Einfluß in vielen anderen Ländern der Welt, gilt Alexander Graham Bell in Boston als der Erfinder und ist als solcher bereits im vorigen Jahre, als 50 Jahre nach der Herstellung des von ihm geschaffenen Instruments verflossen waren, in — vom amerikanischen Standpunkt verständlicher — überschwenglicher Weise gefeiert worden. Es haben aber noch andere Amerikaner, vor allem Elisha Gray in Chicago, die Erfindung für sich beansprucht. In Frankreich spricht man vielfach Bourseul in Paris das Verdienst zu. Auch Italien hat einen Landsmann als Erfinder des Fernsprechers aufgestellt. Wir in Deutschland erblicken in dem Lehrer Philipp Reis in Friedrichsdorf im Taunus, der sein „Telephon" schon 15 Jahre vor Bell hergestellt hat, den eigentlichen Schöpfer dieses segensreichen Instruments, wobei wir keineswegs das nicht hoch genug zu bewertende Verdienst Bells verkennen, seinem Telephon die klassisch einfache Form gegeben zu haben, die es erst zum brauchbaren Werkzeug der Nachrichtenübermittlung gemacht hat.

Auch in Deutschland haben Physiker und Fachleute Reis die Erfindung des Telephons bestritten, während u. a. der englische Physiker Silvanus P. Thompson schon 1883 in einem umfassenden Werk für Reis als den ersten, ja einzigen Erfinder des elektrischen Telephons mit Wärme eingetreten ist.

Man erkennt schon aus diesen wenigen Daten, daß die richtige Entscheidung in diesem Widerstreit der Meinungen nicht leicht ist, und daß sie um so schwerer wird, je weiter wir uns zeitlich von den Geschehnissen entfernen. Wir Deutsche sollten es daher nicht nur als eine wichtige Aufgabe historischer Forschung, sondern auch als eine nationale Pflicht gegenüber unserem Landsmann Reis betrachten, die Untersuchung über die Erfindung des Fernsprechers erneut aufzunehmen.

Dieser Gedanke kam mir, als ich Kenntnis von den Äußerungen stolzer Befriedigung erhielt, die die führenden Männer des Fernsprechwesens in Amerika bei der vorjährigen Feier des fünfzigjährigen Jubiläums des Bellschen Telephons in berechtigter Freude über die glänzende Entwicklung dieses Verkehrsmittels der ganzen Welt vermittelt haben, und ich sagte mir, daß es die schönste Jubiläumsgabe für unsere Gedenkfeier am Ende des laufenden Jahres sein würde, wenn wir noch einmal überzeugend den Nachweis erbrächten, daß das Verdienst der eigentlichen Erfindung des Fernsprechers allein Philipp Reis zukommt. Dazu bedürfte es natürlich einer nochmaligen Durchforschung und kritischen Würdigung aller Dokumente und sonstigen Unterlagen von sachverständiger Seite.

Das Reichspostministerium besitzt eine reichhaltige Sammlung von Urkunden über die Entstehung und Entwicklung des Fernsprechers. Sie wird vortrefflich ergänzt durch gleichartige Belege im Archiv der Firma Siemens & Halske, deren Begründer Werner v. Siemens ja persönlich einen so wichtigen Anteil an der Vervollkommnung des Fernsprechers gerade in dessen erster Entwicklungszeit gehabt hat.

Geleitwort.

Es traf sich ferner gut, daß sich in der Person des Leiters des Archivs von Siemens & Halske, Herrn Oberingenieur A. Rotth, ein ausgezeichneter Forscher und technisch erfahrener Fachmann fand, der zugleich die Entwicklung des Fernsprechers in Deutschland noch persönlich erlebt hat.

Die Firma Siemens & Halske beauftragte daher auf meine Anregung Herrn Rotth mit der Abfassung einer kritischen Untersuchung über die Erfindung des Fernsprechers auf Grund der Dokumente des Reichspostministeriums und des Archivs der Firma.

Es ist mir eine angenehme Pflicht, der Firma Siemens & Halske für ihr Entgegenkommen und ihre wirksame Durchführung meiner Anregung hier Dank zu sagen. Nicht weniger habe ich auch Herrn Oberingenieur A. Rotth zu danken für die gründliche und sachliche Art, mit der er die ihm gestellte schwierige und umfangreiche Aufgabe gelöst hat. Ich darf der Hoffnung Ausdruck geben, daß seine Arbeit bei der großen Zahl der Menschen, die in immer steigendem Maße ihre Kräfte der Weiterverbreitung und Weiterentwicklung des Fernsprechers in der ganzen Welt widmen, lebhaftes Interesse finden und allgemein die Überzeugung stärken wird, daß Philipp Reis der Erfinder des Fernsprechers gewesen ist.

Berlin, im März 1927.

Dr.-Ing. e. h. E. Feyerabend
Staatssekretär im Reichspostministerium.

Vorwort.

Die kurze Schrift soll die wichtigsten Tatsachen aus der Geschichte des Telephons schildern und Lesern, die näher auf Einzelheiten eingehen wollen, einen ersten Anhalt bieten. Sie beschränkt sich im wesentlichen auf die Betrachtung der Geräte zur Aufnahme und Wiedergabe der Sprechlaute. Es ist versucht, diese Formen in ihrem Werte für die Entwicklung zu würdigen und ihren Zusammenhang mit der naturwissenschaftlichen Erkenntnis und dem technischen Können hervortreten zu lassen. Die Darstellung ist für Leser berechnet, die keine näheren Kenntnisse auf dem geschilderten Sondergebiete mitbringen, denen aber die physikalisch-technische Denkweise nicht fremd ist.

Berlin, im März 1927.

A. Rotth.

Inhaltsverzeichnis.

	Seite
Einleitung	1
Erfindungen und Erfinder	5
Die Benennung „Telephon"	10
Vorläufer der Sprachübertragung	11
Anfänge der elektrischen Sprachübertragung	15
Das Telephon von Reis	20
Silvanus Thompson über Philipp Reis	40
Von Reis zu Gray und Bell	46
Bell und Gray	51
Das Mikrophon	72
Vergleiche	77
Vergleichende Darstellung der Kontakt=Telephone	83
Vergleich der Empfänger	86
Weitere Entwicklung des Telephons	90
Einzug des Transformators in die Telephonie	97
Verschiedene Telephonarten	102
Rückblick auf die Entwicklung, Mittel des Fortschrittes	109
Patentstreitigkeiten	114
Die Bell=Prozesse	119
Bells "The Deposition"	129
Schluß	137
Anhang	139
Literaturverzeichnis	144
Namenverzeichnis	146

Abbildungsverzeichnis.

		Seite
Abb.	1. Geber von Reis	23
„	2. Handskizze von Reis	25
„	3. Reis' Empfänger, spätere Form	27
„	4. Kontaktwirkung	38
„	5. Kontaktwirkung	39
„	6. Grays Telephon vom 14. Febr. 1876	52
„	7. Bells Telephon vom 14. Febr. 1876	57
„	8. Bells Telephon vom 14. Febr. 1876	58
„	9. Bells Telephon mit Stabmagnet	67
„	10. Telephon von Werner Siemens nach DRP. Nr. 3396	70
„	11. Mikrophon von Hughes	73
„	12. Walzenmikrophon	76
„	13. Körnermikrophon	76
„	14. Grusmikrophon	76
„	15. Telephon von Lüdtge	80
„	16. Geber von Edison	81
„	17. Geber von Berliner	83
„	18. Geber von Blake	83
„	19. Vergleich der Kontakttelephone	84
„	20. Vergleich der Empfänger	87
„	21. Grays Telephon, spätere Form	89
„	22. Telephon von Werner Siemens mit Doppelwirkung. DRP. Nr. 2355	93
„	23. Dynamoelektrisches Telephon von Werner Siemens. Ohrtelephon	95
„	24. Zwei Telephonstellen mit Induktionsspulen	99
„	25. Strombilder im Empfänger mit magnetischer Vorspannung	100
„	26. Haarnadel=Telephon	102
„	27. Ohrtelephon von Siemens & Halske, nat. Gr.	103
„	28. Magnetform zum Ohrtelephon, Gr. 2:1	104
„	29. Telephon von Alfred G. Holcomb. 1860/61	122
„	30. Geber von Phil. van der Weyde um 1869	123
„	31. Empfänger von Phil. van der Weyde um 1869	123
„	32. Bell=Telephon mit Stabmagnet	132
„	33. Bell=Telephon mit Hufeisenmagnet	132

Einleitung.

Es sind jetzt 50 Jahre verflossen, seit das Telephon in die Öffentlichkeit trat und mit ungewohnter Schnelligkeit in allen Kreisen Verständnis fand. Der Wunsch nach Besitz des unscheinbaren und doch so getreuen Übertragers der Sprache in die Ferne war einige Zeit fast so lebhaft, wie in unseren Tagen die Zugkraft des Rundfunkgerätes. Der Grund dieser seltenen Aufmerksamkeit für ein physikalisches Gerät war besonders die große Einfachheit und leichte Benutzungsart des Telephones von Bell, des ersten sicher brauchbaren Telephones überhaupt. Unter dem Einflusse dieser allgemeinen freudigen Teilnahme an dem technischen Ereignisse, dessen Bedeutung geahnt wurde, traten selbst Siemens & Halske, die berufenen Träger der elektrischen Fernmeldung, aus ihrer sonstigen Zurückhaltung heraus und ließen, zur ernsthaften Belehrung wie auch zur wissenschaftlichen Anregung für Laien geeignet, ein kleines, ganz schlichtes Bell-Telephon zu sehr niedrigem Preise herstellen, das bald in Mengen verlangt wurde, die der Firma fast Unbehagen verursachten. So wurde das Telephon in Deutschland volkstümlich.

Nun entsann man sich auch, daß schon im Anfange der 60er Jahre der Physiklehrer Philipp Reis an der Garnierschen Schule in Friedrichsdorf am Taunus ein Telephon gebaut (diese griechische Benennung des Hörgerätes war schon bekannt) und auch vielfach öffentlich vorgeführt hatte, das mit elektrischen Mitteln musikalische Töne auf größere Entfernungen übertrug, aber auch, wenn es gut geregelt war, die menschliche Sprache. „Die Gartenlaube", das damals verbreitetste Familienblatt in Deutschland, hatte sich der Erfindung angenommen, und mancher jugendliche Leser mühte sich, in das Geheimnis des sprechenden Drahtes einzudringen. Aber trotz der ausgedehnten Bekanntgabe fand das Telephon von Reis damals weder in Laienkreisen größere Beachtung, noch regte es Fachkreise zu umfangreicheren Versuchen an. Nur wenige Gelehrte im Inlande und Auslande mühten sich, die Wirkungsweise des neuen Gerätes zu ergründen und es zu verbessern. Zwar zeigte das Telephon von Reis nicht die überraschende Einfachheit und Handlichkeit des späteren Bell=Telephones, die Handhabung war etwas umständlich, die richtige Einstellung verlangte Sorgfalt und Geschick. Trotzdem wird man das Ausbleiben eines größeren Erfolges für Philipp Reis auf den tragischen Umstand zurückführen müssen, der schon manchem ernsthaften Erfinder herbe Enttäuschung gebracht hat: Die Zeit war noch nicht reif für die Erfindung.

In den 50er Jahren, als Philipp Reis seine Versuche begann, herrschte bei den, damals noch selbständigen, Eisenbahnen als Verständigungsmittel der Zeigertelegraph mit Selbstunterbrechung von Werner Siemens. Dieser hatte eben auf Wunsch der Bayerischen Eisenbahnverwaltung einen neuen Zeigertelegraphen geschaffen, der mehr als 30 Jahre in Anwendung geblieben ist. Die leichte Bedienung ohne eingehende Schulung des Benutzers war für die Einführung dieser Telegraphen bedingend gewesen. Schon aber nahm für lange Staatslinien der nach Morse genannte Telegraph den Vortritt. Der steigende Verkehr ließ mehr und mehr die wirtschaftliche Ausnutzung der teuren Linienleitungen wichtiger erscheinen als die Ersparnis einiger geschulter Beamter. Das Morse=Gerät zu diesem Zwecke noch leistungsfähiger zu machen, war die Aufgabe des schon 1862 auftretenden Morse=Schnellschreibers von Werner Siemens, bei dem die mechanische Vorbereitung der Depeschen zum späteren beschleunigten Abtelegraphieren benutzt wurde. Ihm folgten verschiedene Formen von Morse=Schreibern mit Klaviatur. Gesteigerte Leistung erstrebten die Typendrucktelegraphen, so der von Hughes, der seit Mitte der 60er Jahre die größte Verbreitung fand. Der großartige Ausbau des Telegraphennetzes zeigte sich auch in der Zunahme der Überseelinien. Erst als so in umfangreicher Ausdehnung der Netze und Ausbildung des Gerätes ein gewisser Abschnitt der Entwicklung erreicht war, konnte sich das praktische Bedürfnis nach einem ergänzenden Gerät regen. Wesentlich als ein solches wurde das

Telephon zunächst betrachtet, das wegen seiner Einfachheit, Billigkeit und leichtesten Handhabung da eintreten sollte, wo abseits der größeren Linien dem Wunsche nach telegraphischer Verbindung aus wirtschaftlichen Gründen mit den bisherigen Mitteln nicht genügt werden konnte. Gingen doch oft Leitungen an hohen Masten durch Dörfer oder Städtchen, ohne Möglichkeit für die Einwohner, sie für ihren Bedarf zu benutzen, weil die Verwaltung dafür keine teuren Einrichtungen treffen, noch weniger ausgebildete Beamte anstellen konnte. Erst auf diesem wirksamen Resonanzboden, der sich in der elektrischen Zeichengebung bis zur Mitte der 70er Jahre entwickelt hatte, fanden die Bestrebungen schnelle Zustimmung und Verständnis, die sich schon seit längerem auf die Übertragung der Sprache gerichtet hatten. Sehr bald erkannte man nunmehr auch in dem Telephon nicht nur die Ergänzung des bisherigen Telegraphen im Linienverkehr, sondern auch das geeignetste Mittel zur wahlweisen Verständigung der Bewohner von Ortschaften untereinander über die Telephonzentrale.

Nicht unwesentlich, wie noch erwähnt werden mag, wird bei dem Steigen der Empfänglichkeit aller Kreise für das Telephon auch das lebendigere Verständnis für die angewandte Elektrizität überhaupt geholfen haben, die sich aus unscheinbaren Ansätzen seit der Erfindung der dynamoelektrischen Maschine 1866 vorbereitete und in den 70er Jahren sichtbar wuchs. Jedenfalls haben Schwachstrom und Starkstrom ihren, das bisherige Maß weit überholenden Aufschwung zu gleicher Zeit vollzogen, sie haben sich unverkennbar gegenseitig gefördert.

Der Versuch, den Einfluß des Telephones auf unser öffentliches Leben sicher abzuschätzen, würde ein vergebliches Beginnen sein. Aber unbewußt fühlen wir die Herrschaft des kleinen Gerätes, das vor 50 Jahren seine Sendung zu erfüllen begann. Das sittliche Bedürfnis, das uns der Großen unter den Schaffenden in Dankbarkeit gedenken läßt, zwingt unseren Blick zurück auf den Werdegang des Telephones und die Mühen seiner Urheber. Schon bei kurzer Rückschau werden wir uns der Unsicherheit bewußt, „den" Erfinder des Telephones, nach dem oft gefragt wird, anzugeben.

Es wird sich zeigen, daß diese Frage überhaupt nicht allgemein zu beantworten ist, es kommt ganz auf den Standpunkt an, den der Beurteiler einnimmt. Auch wer weniger veranlagt sein sollte, dem Erfinder für seine Leistung Ehren zu erteilen, wird doch die Klarlegung des Entwicklungsganges wegen der Lehrhaftigkeit begrüßen, die letzten Endes das Ziel aller Geschichte ist.

Das Schrifttum über das Telephon ist, dessen Wichtigkeit entsprechend, sehr ausgedehnt, auch wenn man sich, wie hier beabsichtigt, in der Betrachtung auf das Grundelement, das elektroakustische Gerät selbst, beschränkt. Wünschenswert aber bleiben immer noch vergleichende Untersuchungen und kritische Würdigungen, die das Bedingende und den Zusammenhang der Erscheinungen erkennen lassen und zur Schulung fruchtbarer Geister dienen sollen. Bevor die Besprechung der Entwicklung selbst begonnen wird, müssen zweckmäßig einige allgemeine Betrachtungen über Erfindungen und Erfinder vorausgeschickt werden, um gleichartige Grundsätze für die Beurteilung festzulegen. Ohne eine solche vorherige Verständigung wird die Behandlung von Urheberfragen immer unfruchtbar bleiben.

Erfindungen und Erfinder.

Unter einer Erfindung verstehen wir eine höhere Leistung auf technischem Gebiete, die nicht als das Erzeugnis der gewöhnlichen sachlichen Tätigkeit anzusehen ist, also sozusagen nicht von dem Sachmanne durchschnittlichen Könnens als selbstverständlich verlangt werden kann. Da dieser Sachmann aber fortwährend an den Formen seines Gewerbes zu ändern und zu veredeln hat, so unterscheidet sich der Schritt, den wir Erfindung nennen, vor allem durch seine Größe von den gewöhnlichen. Die Beurteilung, ob eine Erfindung vorliegt, kann nur von dem schaffenden Kenner des Faches erfolgen und hängt von dem freien Empfinden ab, das sich als Niederschlag aller Kenntnisse und Erfahrungen ausbildet. Eine Formel auf die Erfindungseigenschaft gibt es nicht, weil die zusammenwirkenden Möglichkeiten zahllos sind. Zu allen Zeiten und auf allen Gebieten ist immer die Neigung erkennbar gewesen, statt mit mühsam zu erringender Sachkunde mit allgemeinen Gesichtspunkten und Begriffen zu Einsicht und Urteil zu gelangen, die gewissermaßen den „Geist" der Frage darstellen sollten. Dieser Standpunkt wird von seinen Vertretern auch oft als der höhere angesehen.

Bei aller Sorgfalt im Abwägen wird unvermeidlich das persönliche Empfinden Schwankungen unterworfen sein. Die Schwierigkeiten in der Beurteilung mehren sich noch stark, wenn, wie meist, die Untersuchung im Schatten eines Patentrechtes geführt werden muß. Das Gesetz soll eine unbeschränkte Zahl ähnlicher Fälle decken, es muß deshalb oft ausschließen, wo die freie Würdigung vielleicht zu anderen Ergebnissen führen würde. Aber, ob leicht oder schwer, die Grundlage jeder Entscheidung kann nur die sachliche Kenntnis des vorliegenden Gegenstandes sein, das Empfinden des Mitschaffenden, der nicht nur äußerlich als zünftig zugehörig gekennzeichnet ist.

Unsicherheiten und Zweifel sind die Begleiter aller Unter=
suchungen von Erfindungsfragen, mehr als auf anderen Ge=
bieten. Schon die Feststellung des Geburtsdatums einer Erfin=
dung kann trotz aller Offenkundigkeit der Geschehnisse unerwar=
teten Stockungen begegnen. Wann liegt eine Erfindung vor,
wenn ihre Grundlage irgend zur Kenntnis gebracht oder erst
nachdem sie zur praktisch nutzbaren Ausführung gekommen ist?
Nach einer Mitteilung von Riedler[1]) hat Werner Siemens
von den drei Abschnitten im Werden einer Erfindung — Auf=
gabenstellung, Lösung, Durchführung bis in die wirtschaftliche Ver=
wertung — den zweiten, die eigentliche Erfindung, als den leich=
testen bezeichnet. Er scheint geneigt gewesen zu sein, die Erfin=
dung erst vom letzten Abschnitte an überhaupt als vorhanden
anzusehen. In gleicher Richtung scheint auch allgemein die eng=
lische Auffassung zu liegen. Diese Vorstellung ist aber persönlicher
Art. Werner Siemens war in hohem Grade erfinderisch begabt,
der Trieb des Forschers und Erfinders wirkte in ihm „wie eine
Leidenschaft". Er hat sich in seinen „Lebenserinnerungen" und
Briefen mehrfach darüber ausgesprochen. In dem oft langwie=
rigen Ausreifenlassen einer Erfindung sah er dagegen die langsame
Werkeltagarbeit, die ihn leicht ungeduldig machte. Ein anderer
dagegen mag nie einen erfinderischen Einfall haben, dagegen hin=
reichende Zähigkeit neben wirtschaftlichem Geschick. Er würde also
ganz anders urteilen. Eine allgemein gültige Entscheidung ist
also nicht möglich, jeder Fall erfordert seine besondere Prüfung.

Eng damit zusammen hängt die Frage nach dem persönlich
Verdienstlichen, das in einer Erfindung enthalten ist. Der un=
befangene Sinn wird gern dem Erfinder angemessene Ehren
zugestehen, eine Achtung, die nur aus der dunklen Vorstellung
einer Leistung entstehen kann. Andererseits wird dem Erfinder
oft jede Anerkennung abgestritten. Um zu erfinden, dazu sei er
eben Fachmann, das käme schon, wenn er sich nur Mühe gäbe
und in einem Betriebe arbeite, der auf solche Sachen eingestellt
sei. Ähnliche Vorstellungen trifft man besonders bei Kaufleuten
und Juristen, deren ja auch viele in der Technik wirken. Es ist

---

[1]) Riedler: Emil Rathenau, S. 57. Berlin 1916.

wenig rühmlich für unsere viel besprochene allgemeine Bildung, daß sie in dieser Frage noch so wenig gegenseitiges Verstehen erzielt hat. Die Art und die Grundlage einer höheren Leistung bleiben doch dieselben, auf welchem Gebiete sie auch erwachsen. Der Künstler, der Arzt, der Staatsmann, der Architekt — sie alle verstehen eine höhere Leistung ihres Faches abzuschätzen und wissen, was ihnen selbst eine solche an Kraft und Ausdauer gekostet hat. Dem Techniker dagegen kommt in den Augen vieler ein müheloser Einfall, den man Erfindung nennt. Er braucht dazu vielleicht nicht einmal besonders begabt zu sein, er war nur der verdienstlose Träger der Weisheit. Klarheit über diese Fragen ist manchmal auch in Fachkreisen zu vermissen. Besonders die Vorstellung von der plötzlichen, ungesuchten Eingebung ist von zähem Leben. Dagegen sprechen Leute, die es doch wissen müssen, mit allem Nachdruck gegen diesen Aberglauben an die bequeme Empfängnis. So hat sich James Watt auf die Frage, wie er seine Erfindungen gemacht habe, geäußert: Durch unausgesetztes Nachdenken. Faraday hat neun unbefriedigende Jahre nach dem gesucht, was sich nachher und dann allerdings scheinbar plötzlich als die Erscheinungen der Induktion offenbarte. Helmholtz befand sich oft, wie er sagt, „in der unbehaglichen Lage, auf günstige Einfälle warten zu müssen", das heißt also, er mußte sich schwer mühen, einen Zusammenhang zu ergründen oder eine neue zweckdienliche Verbindung zu schaffen. Werner Siemens schrieb: „Zu Erfindern passen nicht viele, weil nur wenige hinlängliche Überzeugungstreue und Ausdauer haben." Die Spuren seiner Dynamomaschine lassen sich weit nach rückwärts verfolgen, ehe er sie 1866 verwirklichte. Seinem beim ersten Versuche helfenden Werkmeister erschien aber die aus dem Stegreife hergestellte Probemaschine nur wie eine Schöpfung des Augenblickes. Erfindungen und Entdeckungen sind hier als gleich zu betrachten, es sei deshalb auch Newton erwähnt, der auch nur auf dem Wege häufigen Nachdenkens über dieselbe Sache zu seinen Ergebnissen gekommen sein will. Ähnlich hat sich d'Alembert geäußert. Die Beispiele lassen sich leicht vermehren. Die einzelnen Entwicklungsschritte sind so verschieden wie die Menschen, die dabei handelten, immer aber klingen aus ihren Mitteilungen über das Werden ihrer Erfindung: Mühe und Arbeit. Bevorzugt waren sie nur durch die ihnen verliehene Fähigkeit. Daneben freilich können wohl günstige Zufälle bei der allmählichen Entstehung der Erfindung eine fördernde Rolle spielen[1]). Aber der Zufall allein erzeugt keine Erfindung, dazu gehört der Kopf, der die dem Zufalle zu dankende günstige Einstellung zu erkennen und zu benutzen vermag. Dem Zufalle und der ungesuchten Anregung gegenüber steht der Versuch planmäßigen Vorgehens bei Erfindungen, das verschiedentlich behandelt ist, in neuerer Zeit u. a. von A. du Bois-Reymond und E. Capitaine, in gewisser Weise auch von F. Reuleaux. Es müßte aber wohl erst eine neue Denkweise „erfunden" werden, ehe solche Bestrebungen zum Ziele führen könnten. Von einer gewissen Planmäßigkeit wird wohl ohnehin jeder Erfinder oder Entdecker unbewußt geleitet, denn nur so ist es denkbar, daß sich dem geistigen Auge in der Menge der Möglichkeiten die gerade brauchbare Verbindung von Elementen bietet. Andernfalls wäre die Wahrscheinlichkeit, das Richtige zu treffen, gleich Null. Nur vermögen wir die bei dieser unbewußten Planmäßigkeit wirkenden Gesetze nicht zu erkennen. Das würde aber doch gerade das sein, was die erwähnten Bestrebungen zum Ziele hatten.

Von erheblicher Bedeutung für die Wertung von Erfindungen ist oft die Zusammenarbeit oder die folgerichtige Aufbauarbeit mehrerer Urheber, wie sie besonders auf ganz neuen Gebieten von selbst eintritt. Aus dem tatsächlich vorkommenden gleichzeitigen oder zeitlich verschobenen Zusammenwirken mehrerer Personen an einem Gegenstande hat sich bei Laien die Vorstellung ausgebildet, als wenn durch Zusammenfügen mehrerer geistiger Kräfte ein Ergebnis erzielt werden könnte, das keiner der einzelnen Kräfte zugänglich gewesen wäre, eine Hintereinanderschaltung wie in der unbelebten Natur. Wenn nun auch beispielsweise unser politisches Leben auf dieser Annahme beruht,

---

[1]) Mach, E.: Über den Einfluß zufälliger Umstände auf die Entwicklung von Erfindungen und Entdeckungen. (Populär-Wissenschaftliche Vorlesungen. 4. Aufl. Leipzig 1910.) Viele hierher passende Gesichtspunkte enthält auch das größere Werk von Mach: Erkenntnis und Irrtum. Leipzig 1905.

so wird sie doch für die Wissenschaft von jedem abgewiesen werden, der das Entstehen einer Erkenntnis zu ahnen versucht. Die Lösung einer Erfindungsaufgabe kann nur in einem Kopfe und vollständig geschehen, wenn auch denkbar ist, daß zu gleicher Zeit ein zweiter Kopf selbständig dieselbe Lösung findet. Eine wenigstens annähernde Gleichzeitigkeit dieser Art wäre um so wahrscheinlicher, je mehr Personen gerade unter der Wirkung derselben Anregungen ständen. Die Arbeit mehrerer auf derselben Grundlage wird häufig auch zu Erfindungsgedanken verschiedener Art führen, die der Ausgestaltung desselben Gegenstandes dienen. Denn „nur in den seltensten Fällen ist eine Erfindung in ihrer ursprünglichen Gestalt brauchbar", schrieb Werner Siemens. Immer aber lassen sich dann die erfinderischen Beiträge der einzelnen Mitarbeiter unterscheiden. Sonst wäre ein Zustand möglich, daß niemand, auch bei vollständiger Klärung der Tatsachen, den Urheber einer Erfindung anzugeben wüßte, diese also sozusagen von selbst entstanden wäre. Gerade für diese Weiterbildung einer Erfindung durch eine fernere, so daß im ganzen eine einheitliche Schöpfung vorzuliegen scheint, bietet das Gebiet des Telephones greifbare Beispiele.

Die vorstehenden kurzen Erwägungen über Entstehen und Wesen von Erfindungen sollten den Blick auf die verschiedenen Gesichtspunkte lenken, die bei Würdigung der Fortschrittarbeiten festzuhalten sind, um ebenso ein klares, lehrhaftes sachliches Bild vom Werden des bedeutungsvollen Gegenstandes zu erhalten, wie dem Verdienst der einzelnen Förderer tunlichst gerecht zu werden und ihr Wirken zu beobachten, das sich von der landläufigen Vorstellung des beschaulichen Abwartens einigermaßen unterscheidet. Je nach dem Standpunkte des Beschauers wird oft das Urteil verschieden sein, die Untersuchung soll aber den Tatbestand aufweisen.

Es braucht kaum mehr betont zu werden, daß die in den vorstehenden Darlegungen als „Erfindungen" gekennzeichneten Leistungen nicht einfach mit „Patenten" gleichzusetzen sind. So sehr das Patentwesen in vieler Hinsicht das Erkennen des Tatbestandes fördert, so trübt es andererseits doch oft durch seine fremdartigen

Beimischungen die klare Übersicht. Denn es handelt sich hier nicht um Beiträge zu einem Rechtsstreite, sondern um Aufdecken der inneren Zusammenhänge. Ebenso bedeutet natürlich für den schöpferischen Wert einer Erfindung nicht das geringste, welchen Handelswert sie etwa erreicht hat. Haben doch schon oft völlige Nichtigkeiten durch die Laune des Augenblickes unverdienten Gewinn gebracht, während hohe Leistungen ohne äußere Belohnung blieben.

Die Benennung „Telephon".

Wie die Teilnahme für das Sprechgerät schnell zunahm, so wurde auch sein Name „Telephon" mit Leichtigkeit dem Ohre vertraut. Das Wort hat auch Weltgeltung behalten, trotzdem in Deutschland die amtliche Bezeichnung „Fernsprecher" gewählt wurde. Die griechische Wortbildung hat sich ihres Wohllautes wegen durchgesetzt. Die genaue Übersetzung würde also sein: „Ferntöner". Sonderbar genug ist das Wort Telephon schon lange vor dem Aufkommen des heutigen Telephones von verschiedenen Erfindern zur Bezeichnung ihrer Hörgeräte benutzt und offenbar ganz unabhängig voneinander. Die geläufigen Wörter „Telegraph" und etwa „Symphonie" mögen die Wortbildung nahegelegt haben. So nannte der Franzose Sudre 1828 seinen akustischen Telegraphen, von dem weiterhin kaum zu sprechen ist, ein Telephonium. Aber schon ein Menschenalter früher soll ein J. S. G. Huth für seine Sprachrohre denselben Namen gewählt haben. Ebenso verfuhren 1838 Dr. Romershausen, schon vorher Wheatstone für seine Lyre magique[1]) und wohl noch manche andere. Die folgende Zeit brachte mit den Vorschlägen des Franzosen Bourseul (1849) und des Italieners Antonio Meucci (1857) wieder das Wort Telephon in Erinnerung. Daß Ph. Reis nicht der Urheber des Wortes sein kann, zeigt schon das Vorstehende. Der Vollständigkeit wegen sei noch erwähnt, daß sogar schon 1789 Prof. Wolfe in Petersburg die Bezeichnung „Telephrasie" für sein Fernmeldegerät einführte, was also unseren heutigen „Fernsprecher" genauer übersetzt, als Telephon. „Logophor" endlich

---

[1]) Du Moncel: Le Téléphone. Paris 1882.

nannten Jobard und Stieldorff 1833 ihre Sprachrohre, die außer dem veränderten Namen keinen Fortschritt gegen das Frühere bedeuteten. Hinsichtlich auffallender Namengebung dürfte das „Stentrophonicon"[1]) noch wirksamer sein.

Die Frage nach dem Urheber des Namens „Telephon" wird hier und da mit einer gewissen Wichtigkeit behandelt. Im Grunde ist sie ganz unerheblich, da der Name sicher zu verschiedenen Zeiten von verschiedenen Urhebern für verschiedene Geräte gebraucht wurde, also keine Anregung besonderer Art vermittelte und beim Schürfen in der Entwicklungskunde des Fernsprechers nicht einmal als Leitfossil dienen kann. Deshalb werde durch die kurzen Andeutungen diese Frage ohne innere Bedeutung als erledigt betrachtet.

Vorläufer der Sprachübertragung.

Der menschlichen Stimme eine größere Reichweite zu geben als ihr im gewöhnlichen Gebrauche zukommt, wird uns fortwährend durch die verschiedensten Umstände nahegelegt. Wir folgen einer unbewußten Eingebung, indem wir mit den Händen vor dem Munde einen rohrartigen Ansatz bilden, um die Schallstrahlen mehr zusammenzuhalten und ein Bündel davon unter tunlichster Erhaltung ihrer Energie nach bestimmter Richtung zu lenken. So naheliegend uns diese Maßnahme erscheint, so ist doch ihre Nachbildung mit vollendeterem Mittel, dem Sprachrohre, als eine besondere Erfindung anzusehen, die erst 1670 von Morland in England gemacht sein soll. Auch hervorragende Physiker wie Lambert haben sich mit der Theorie des Sprachrohres beschäftigt. Bekannt ist die aus einem Ellipsoide und einem Paraboloide mit gemeinschaftlichen Brennpunkten zusammengesetzte Form, bei der freilich der wissenschaftliche Aufwand kaum durch den praktischen Erfolg belohnt sein wird.

Viel überraschender in der Wirkung mögen im Anfange die längeren Leitungen von verhältnismäßig engen Rohren gewesen sein, die den Schall beträchtlich weit und in beliebiger Richtung

---
[1]) Hennig: Die älteste Entwicklung der Telegraphie und Telephonie, S. 159. Leipzig 1908.

zu führen vermochten. Dr. Romershausen in Aken an der Elbe machte 1838 den Vorschlag¹), solche Schallrohre die Eisenbahn entlang zu führen. Aus seinen Versuchen schloß er, daß die Anlage ganz geeignet wäre, „den Schall in die weitesten Fernen zu tragen und ein dem Telegraphen weit vorzuziehendes Kommunikationsmittel zu bilden". Man muß dabei den damaligen Zustand der Telegraphie bedenken, es wurden eben erst mit noch sehr unzuverlässigem Gerät kurze Linien angelegt. Für den bescheidenen Gebrauch innerhalb eines Hauses waren bekanntlich die Schallrohre lange in ziemlich umfangreicher Anwendung und finden sich vereinzelt noch jetzt, beispielsweise zur Verständigung zwischen Fahrgast und Wagenführer.

Alle diese akustischen Mittel zum Nachrichtenaustausch über erheblichere Strecken, bei denen die ursprünglichen Schallwellen unmittelbar zu der Empfangsstelle geleitet werden, kommen hier natürlich nur deshalb zur Beachtung, weil sie das steigende Bedürfnis nach solcher Sprachübermittlung bekunden und den Boden für die kommende Entwicklung empfänglich machten. Im übrigen bewiesen die damaligen Schallrohre noch keineswegs eine allgemeinere Einsicht in das Wesen des Schalles. Die Verfertiger der mehr oder minder zweckmäßig ausfallenden Anlagen verfuhren nach zünftigen Regeln und standen vielfach auch unter der weit verbreiteten Vorstellung, daß der Schall ein Etwas sei, daß man beliebig verschieben und selbst zu späterer Wiederbelebung einsperren könne.

Viel näher dem Gegenstande unserer Betrachtung, sogar in gewisser Hinsicht recht nahe, stehen die akustischen Einrichtungen für denselben Endzweck, bei denen aber die Schallenergie nicht unmittelbar, sondern unter Umformung in mechanische Energie anderer Art übertragen wird. In diesem Zusammenhange erwähnt Hennig²) Versuche von Wheatstone aus 1831. Es sollen dabei „die Schalleindrücke auf rein mechanischem Wege", nämlich durch Holzstangen fortgepflanzt sein. Diese Mitteilung ist unklar, die Versuche haben sich wohl gar nicht auf Fortleitung

---

¹) Dinglers Pol. Journ., Bd. 99, S. 413. 1846.
²) Verkehrstechnische Woche, 1909, S. 362.

Vorläufer der Sprachübertragung.

der Schallenergie für Nachrichtenzwecke bezogen, sondern bezweckten vielleicht überhaupt nur die Messung der Fortpflanzungsgeschwindigkeit des Schalles in Holzstangen. Auf alle Fälle waren diese Versuche unerheblich gegenüber dem Vorbilde, das die nachfolgend beschriebene Einrichtung bieten konnte und vielleicht geboten hat.

Es handelt sich um das Spielzeug, wie es vorläufig genannt sein mag, bei dem durch eine Schnur in beliebiger Länge Laute vom Sprecher zum Hörer mit überraschender Treue übermittelt werden. Eine oft zu sehende Form dieses Hörgerätes bestand aus je einem becherartigen Gefäße an der Gebe- und Empfangsstelle mit elastischen Böden, die durch die straff zu haltende Schnur verbunden waren. Es war dabei darauf zu achten, daß die Schnur nirgend sonst an festen Punkten gestützt war. Die Übertragung der Sprache war vollkommen. Dieses alte Spielzeug erschien im Winter 1877/78 plötzlich wieder in Läden und auf der Straße, nachdem eben das Bellsche Telephon seinen Siegeszug angetreten hatte und in aller Munde war. Noch wesentlich verbilligt lebte es auch längere Zeit, da es eine sinnreiche Nachahmung des neuartigen Telephones darstellte. Aber es war gar keine Nachahmung, viel eher ein Vorbild zu nennen. Es soll schon vor tausend Jahren in China erfunden und mit kleinen Sprech- und Hörstücken aus Bambusrohr ausgeführt sein. Hennig und Karraß in ihren schätzenswerten Schriften zur Geschichte der Telephonie machen noch andere Ursprungsangaben. So wird auch der bekannte englische Physiker Robert Hooke (1636—1703) genannt, der 1667 der Erfinder gewesen sein soll. Das klingt ganz wahrscheinlich. Beide Angaben würden sich auch ganz gut miteinander vertragen, da Hooke das ältere chinesische Gerät nicht gekannt zu haben braucht. Nähere Erhebungen über den Ursprung nach Zeit und Ort sind hier aber entbehrlich, weil ein ganz zuverlässiges Zeugnis von Bréguet aus dem Jahre 1878 vorliegt[1]). In einem Berichte über telephonische Versuche spricht hier Bréguet von dem „jouet d'enfant bien connu, appelé Téléphone à ficelle". Es lag also schon weit vor dem Bell-Telephon, und darauf kommt es hier an.

---

[1]) Comptes rendus, Bd. 86, S. 469 ff. 1878.

Bei näherem Vergleiche bemerkt man nämlich die auffallende Wesenähnlichkeit der beiden Geräte, das Fadentelephon ist geradezu die mechanische Abbildung des elektrischen Bell-Telephones, und man ist versucht, beim Forschen nach der Entstehung der verschiedenen Telephone immer die Frage zu stellen: Hatte dieser Erfinder Kenntnis von dem Fadentelephon? Mit Unrecht wird deshalb das Fadentelephon meist kurz als Spielerei abgetan, wie von Hennig und Karraß in ihren Schriften. Welche ernsthafte Rolle es vielmehr als Anreger und Mittel zum Veranschaulichen gespielt haben mag, läßt sich zwar nicht mehr ergründen, jedenfalls haben aber Physiker wie Bréguet die Wesengleichheit der beiden Telephonarten erkannt gehabt und als Behelf zum Durchschauen der Wirkungsweise des elektrischen Telephones herangezogen. Noch deutlicher wird der innere Zusammenhang der beiden Geräte durch die Äußerung von Werner Siemens an seinen Bruder Karl vom 6. November 1877[1]): „Werde wohl nächstens ein Telephonpatent beantragen. Wir sind mitten in den Versuchen, und ich glaube, wir werden Bell sehr bald übertreffen. Am besten geht noch immer das alte Berliner Weihnachtsmarkt-Telephon, zwei Waldteufel mit den Strippen zusammengebunden. Das wird seit vielen Jahren in den Weihnachtsbuden verkauft. Wir Esel haben zwar das Wunder des deutlichen Verstehens auf 60 Fuß und mehr Entfernung angestaunt, aber die Sache nicht verfolgt, auch dann nicht, als Reis es elektrisch zu machen versuchte." Bei seiner bald danach im Januar 1878 vor der Berl. Akad. d. W. gemachten Mitteilung „Über Telephonie" hat sich Werner Siemens ersichtlich von den Anschauungen leiten lassen, die ihm aus der besprochenen Wesenähnlichkeit zuflossen. Er spricht auch von der ungenügenden Beachtung des mechanischen „Sprechtelegraphen". Bréguet hat sogar mit beiden Telephonarten in eigentümlicher Weise verbunden gearbeitet und daraus Schlüsse gezogen. Eine sorgfältigere Ausbildung hat übrigens das Fadentelephon nicht erfahren, wohl weil „die Lei-

---

[1]) Werner Siemens. Ein kurzgefaßtes Lebensbild nebst einer Auswahl seiner Briefe. Herausgegeben von C. Matschoß, Berlin: Julius Springer 1916.

tung" eigentümliche Schwierigkeiten verursachte. Die Führung des Fadens über längere Strecken in solcher Weise, daß er auch bei Richtungsänderungen getragen wurde, ohne seine elastischen Schwingungen zu verlieren, wäre jedenfalls umständlich gewesen, und für kleine Abstände war das Schallrohr einfacher. Das Fadentelephon ist deshalb nur ein Übergangsglied in der Entwicklung ohne selbständige Bedeutung gewesen.

Im Fadentelephon kommt zweifellos die Erkenntnis klar zum Ausdrucke, daß die schwingenden Membranen, denen durch den Faden gleiche Frequenz gegeben wird, die Aufnahme und Abgabe des Tones bewirken. Das war zu Hookes Zeit schon sicherer Besitz, unmöglich aber konnte er erwarten, daß nicht nur eine Folge von einfachen Tönen, sondern auch die Sprache mit dem Gerät übertragen würde, da man von der Bildung der Sprechlaute noch nichts wußte. Da er sich aber von der Tatsache gleich überzeugen mußte, so hätte er umgekehrt auf das Wesen der Sprachbildung schließen können. Das ist nicht geschehen, die Erkenntnis ist, wie so oft, auf Umwegen fortgeschritten und viel später ausgereift.

Anfänge der elektrischen Sprachübertragung.

Wie sich gezeigt hatte, war die Neigung und das Bedürfnis, den Schall in die Ferne zu übertragen, in verschiedenen Arten aufgetreten. Die einsetzende Entwicklung der Naturwissenschaften und Technik fand auch hier eine Aufgabe zu lösen, zu der ihr zunächst nur die elastische Eigenschaft der Körper als Mittel zur Verfügung stand. Als dann um 1825 durch Arago der Elektromagnet entstand, das Grundelement der Elektrotechnik, als ferner 1831 Faraday die Induktionsgesetze entdeckte und ein schnell zunehmendes allgemeineres Vertrautsein mit den elektrischen Erscheinungen den Boden für praktische Anwendungen vorbereitet hatte, konnte nicht ausbleiben, wie wir jetzt erkennen, daß auch für die Schallübertragung die Elektrizität als Vermittler herangezogen wurde. Die elektrische Telegraphie trat in den 40er Jahren, hauptsächlich durch Werner Siemens, in den Kreis der wissenschaftlichen Technik ein. Neben ihren schon erreichten Leistungen konnte die Telephonie, soweit man mit einer solchen überhaupt einen festeren

Begriff verband, noch keinen Anspruch auf lebendige Teilnahme erregen. Wer aber, aus irgendwelchen Anregungen und Ideenkreisen heraus, sich damals mit der Schallübertragung zu beschäftigen begann, der mußte notwendig durch die Telegraphie auf den allein aussichtsvollen Weg gelenkt werden. Das persönliche Verdienst des bahnbrechenden Erfinders wäre dadurch nicht geschmälert.

Wohl der erste Vorschlag zu einem elektrischen Telephon ging von dem Franzosen Charles Bourseul aus. Er hatte sich, wie er später mitteilte, schon als junger Telegraphenbeamter seit 1849 mit der Schallübertragung beschäftigt und richtete unter dem 18. August 1854 (veröffentlicht am 26. August) an die „L'Illustration de Paris" eine Mitteilung über seine Bestrebungen. Ein deutscher, in allem Wesentlichen zutreffender Bericht[1]) darüber lautet:

„... Vielleicht reiht sich Bourseuls Problem, von dessen Ausführbarkeit er vollkommen überzeugt ist, jenen Entdeckungen an, welche nachher die gelehrte Welt für sehr einfach erklärt, und von denen sie uns dann glauben machen möchte, sie wären viel früher erfunden worden, hätte sie sich die Mühe geben wollen. Wie man weiß, ist das Prinzip, auf welches sich die Elektrotelegraphie gründet, folgendes: Ein elektrischer Strom, der in einem Metalldrahte geht, verwandelt ein Stück geschmeidigen Eisens, mit dem er in Berührung kommt, in einen Magnet. Sobald der Strom aufhört, weicht auch die magnetische Eigenschaft. Dieser Magnet, der Elektromagnet, kann also wechselweise eine bewegliche Platte anziehen oder entlassen, die durch Ihre Bewegung des Kommens und Gehens die conventionellen Zeichen hervorbringt, welche man bei der Telegraphie gebraucht. Nun ist ferner bekannt, daß alle Töne dem Ohre nur durch Schwingungen der Luft vermittelt werden, eigentlich also selbst nichts anderes sind als diese Schwingungen der Luft, und daß die so unendliche Verschiedenheit der Töne einzig und allein von der Schnelligkeit und der Stärke dieser Schallwellen abhängt. Könnte nun eine Metallscheibe erfunden werden, die so beweglich und biegsam wäre, daß sie alle die Schwingungen der Töne (gleich der Luft) wiedergibt, und würde diese Scheibe mit einem elektrischen Strome so verbunden werden können, daß sie je nach den Luftschwingungen, von denen sie getroffen wird, den elektrischen Strom abwechselnd herstellt und unterbricht, — so würde es dadurch auch möglich, eine zweite ähnlich konstruierte Metallscheibe elektrisch dazu zu bringen, daß sie gleichzeitig genau die nämlichen Schwingungen wie die erste Scheibe wiederholt, und es also ganz so sein würde, als wenn man in unmittelbarer Nähe gegen diese zweite Scheibe gesprochen hätte, oder das

---

[1]) Didaskalia, Blätter für Geist, Gemüth und Publizität, Frankfurt a/M. Juli-Dez. 1854. S. auch Du Moncel: Le Téléphone. Paris 1882.

Anfänge der elektrischen Sprachübertragung.

Ohr würde ebenso afficiert, wie wenn es die Töne durch die erste Metallwand hindurch vermittelt erhielte. Die seinerzeit akademisch fast für Unsinn gestempelte elektrische Telegraphie geht nun durch die ganze Welt als eine fast schon gewohnte Erscheinung; fragen wir in betreff dieser neuen Idee eines jungen Physikers die Grundsätze der Physik, so haben sie nicht nur gegen die Möglichkeit ihrer Ausführung nichts einzuwenden, sondern das Gelingen ist sogar wahrscheinlicher als noch vor nicht langer Zeit die elektrische Telegraphie selbst gewesen. Gelingt die Ausführung, so wäre die elektrische Telegraphie im allgemeinen gut geworden; es bedürfte keiner weiteren Maschine und Kenntnisse als einer galvanischen Säule, zweier schwingenden Scheiben und eines Metalldrahtes; ohne weitere Vorbereitung müßte dann nur der Eine gegen die Metallscheibe reden und der Andere das Ohr an die andere halten, so können sie miteinander sich besprechen wie unter vier Augen. Der junge Erfinder glaubt an das Gelingen seiner Bemühungen und fordert die Gelehrten zu dem Beweise in die Schranken, daß die Gesetze der Physik den oben mitgeteilten Grundsätzen widersprächen und somit das Gesuchte unmöglich erscheinen ließen. Einstweilen möchte die Sache die ihr jedenfalls zu Teil werdende Aufmerksamkeit in hohem Grade verdienen."

Mit aller Klarheit sind hier die Ideen von Bourseul wiedergegeben, und wer sich nicht von vornherein auf vorsichtige Prüfung einstellt, könnte die Erfindung des elektrischen Telephones hier als gelöst und gegeben ansehen. Unzweideutig ist die Absicht ausgesprochen, alle Laute und auch die menschliche Sprache an die Empfangsstelle zu übertragen, und ganz bestimmt ist als Mittel dazu die Herstellung des Synchronismus zwischen zwei schwingenden Membranen gekennzeichnet, ein gewiß kluger Vorschlag, der an sich schon anregend und wegweisend wirken konnte, um so rühmlicher für Bourseul, wenn er die ganze Vorstellung der beiden gleichschwingenden Membranen aus sich selbst entwickelt hat. Aber bei Beurteilung des Erfindungsinhaltes ist nicht von dem persönlichen Zustande des Urhebers auszugehen, sondern von dem allgemeinen Stande der zeitigen Erfahrungen und Erkenntnisse. Da lag nun aber das mechanische Bild des Fadentelephones fertig vor, der Neuschaffende hatte also das Mittel anzugeben, wie die ganz unvollkommene mechanische Übertragung durch eine wirksamere ersetzt werden kann. Das tut Bourseul seines Glaubens, indem er als Mittel dazu den elektrischen Strom heranzieht, auch noch teilweise dessen Wirkungsweise angibt, indem der Strom an der Gebestelle durch die schwingende Membran geschlossen und unterbrochen werden soll. Ob dieses Mittel für den

Zweck genügen würde, wird nicht bewiesen. Es bleibt auch offen, wie die andere Membran mit der ersten gekoppelt sein soll. Also teilt er die Erfindung nicht so vollständig mit — ob er nicht konnte oder nicht wollte, bleibt hier gleich —, daß ein Fachmann danach die Ideen verwirklichen konnte. Diese Bedingung muß man aber einhalten, um überhaupt eine deutliche Grenze zwischen Aufgabe und Erfindung zu ziehen. Sie entspricht dem Herkommen und dem Wesen der Sache.

Man kann deshalb keinesfalls Bourseul als den wirklichen Erfinder auch nur eines wesentlichen Teiles des elektrischen Telephones ansehen. Er spricht auch von schwierigen Versuchen, die er auszuführen gedenke, es sind aber keine Ergebnisse bekannt geworden. Bei aller Teilnahme für Bourseuls offenbar tüchtiges Streben und bei völliger Anerkennung seiner klaren Einsicht kann man in dem, was in seinen Mitteilungen über Bekanntes hinausgeht, nur Anregungen erblicken, die hier und da wirksam geworden sein mögen. — Es kann auffallen, daß hier in den Angaben von Bourseul noch keine Lösung der Aufgabe für den Empfänger erblickt wurde. Heute würde freilich die Forderung, eine Membran durch periodisch folgende schnelle Stromstöße in Gleichtakt zu versetzen, keinem Fachmanne Schwierigkeiten bereiten, denn er würde sofort an einen Elektromagneten als Bewegungsmittel denken. Aber daran hat Bourseul offenbar noch nicht gedacht, und das Verwundern darüber wird mäßiger, wenn man bedenkt, daß auch bald danach noch Ph. Reis das scheinbar naheliegende Mittel zunächst nicht benutzte. Eine lehrreiche Tatsache! Für den Boden, den Bourseuls Ideen bei ihrem Auftreten fanden, ist die Aufnahme durch Fachleute kennzeichnend. Du Moncel hielt sie zuerst für rein phantastisch[1]) und ist wohl erst nach Bekanntwerden des Bell-Telephones eines Besseren belehrt.

Als später die wenigstens teilweise erfolgreichen Versuche von Ph. Reis bekannt wurden, meldeten sich manche Ansprüche auf die Urheberschaft des Telephones, ähnlich wie dann in verstärktem Maße beim Erscheinen des Bell-Telephones. Deutschland hatte damals noch so gut wie gar kein Patentrecht, die Erfinder mußten

---

[1]) Du Moncel: Le Téléphone, S. 3. Paris 1882.

Anfänge der elektrischen Sprachübertragung.

deshalb ihre Schöpfungen geheim halten und beteuerten nachher vielleicht, daß sie schon soundsoviel Jahre vorher dasselbe, wie jetzt ein Glücklicher, erfunden hätten. Eine rechtliche Bedeutung konnten solche nachträglichen Ansprüche nicht haben, kaum eine literarische, immerhin eröffnen solche Bekundungen manchmal Hinweise und Ausblicke. Ein Beispiel dafür sei hier noch angeschlossen, wiewohl es zeitlich etwas nach Reis an die Öffentlichkeit trat. In der Zeitschrift „Deutsche Klinik" 1863[1]) erschien nämlich eine längere Arbeit von Dr. Th. Clemens über „Die angewandte Heilelektrizität". Bei Betrachtung der Nerventätigkeit kommt er zu sprechen auf „Die Fähigkeit des Drahtes, Töne fortzuleiten". „Diese eigentümliche, höchst merkwürdige, vielfach konstatierte Tatsache, die ich bei meinen starken Induktionsspulen übrigens schon lange beobachtet habe, ist für die Physiologie von großer Wichtigkeit und weittragenden Folgen...", und dann sagt er in einer Fußnote:

„Dieses höchst merkwürdige Phänomen der Schallfortleitung im elektrischen Draht habe ich bereits vor etwa 10 Jahren auf folgende Weise wahrgenommen. Eine starke Induktionsspirale wurde mit einem einfachen Element in Bewegung gesetzt und der Strom durch einen mehrere hundert Fuß langen Kupferdraht aus meinem Studierzimmer frei durch die Luft in ein entferntes Gartenzimmer geleitet. Sobald der also fortgeleitete Draht daselbst wiederum in eine starke Spirale eingeleitet wurde, konnte man in dieser entfernten Spirale ganz genau den Gang der Maschine hören, sowie jeder Ton, der irgendwie bedeutendere Schwingungen hervorzubringen im Stande war, an der zweiten Spirale wahrnehmen. Anschreien durch einen Trichter, Schläge auf eine Metallplatte etc. gegen die Induktionsspirale gerichtet, wurden in der entfernten Spirale dann wie Aeolsharfentöne deutlich wahrgenommen. Hier liegt für die Zukunft mehr wie eine wunderbare Tatsache verborgen!"

Diese Mitteilung eines ernsthaften Mannes in einer Fachzeitschrift ist gewiß sehr merkwürdig, und es ist auch hier zu bedauern, daß Ergänzungen zu den mitgeteilten Proben nicht vorliegen. Leider auch kann man sich nach der Beschreibung keine einigermaßen klare Vorstellung von der Einrichtung machen. Man könnte also annehmen, daß eine zufällige Gruppierung einzelner Gerätschaften die von Clemens beobachtete Erscheinung gezeitigt hätte. Der Gedanke an das Bell=Telephon liegt nahe, aber die Bekannt=

---

[1]) Herausgegeben von Dr. A. Göschen, Jg. 1863, Nr. 48.

gabe einer Erfindung ist das Ganze nicht, und wer sich dadurch etwa zum eigenen Schaffen angeregt finden würde, der müßte den ganzen Gang der Erkenntnis und Erfindung selbst durchmachen. Da die Veröffentlichung auch erst 1863 erschien, kann von einer Beeinflussung anderer vor dieser Zeit nicht die Rede sein. — Übrigens haben Clemens und der nunmehr in seinem Schaffen zu betrachtende Philipp Reis fast zu gleicher Zeit in naher Nachbarschaft (Frankfurt a. M.) an demselben Gegenstande gearbeitet, ohne voneinander zu wissen.

Das Telephon von Reis.

Viel Aufsehen konnten die Mitteilungen von Bourseul kaum erregen, ganz abgesehen von ihrer Unvollständigkeit fanden sie zu ihrer Zeit keine genügende Stütze in der noch wenig entwickelten Teilnahme weiterer Kreise für physikalische Fortschritte. Später, als das gebrauchsfähige Telephon entstanden war, haben sich zwar noch manche nachträgliche Ansprüche wegen der Urheberschaft erhoben, ohne sich aber durchsetzen zu können. So nimmt Hennig Bezug auf die Versuche von Froment und von Petrina[1]), die, soweit sich aus den sehr unvollständigen Beschreibungen schließen läßt, wohl die Übertragung von Tönen auf elektrischem Wege bezweckten, aber kaum so viel erreichten, wie später La Cour mit seinem Phonotelegraphen, und keinesfalls die Absicht Bourseuls erreichen wollten. Solche Versuche, wenn sie genügend bekannt geworden wären, hätten wohl nur allgemein als Stimmungsmacher für Bemühungen andrer Richtung dienen können. Die Sprache mit Hilfe der Elektrizität zu übertragen, war keines der Versuchsgeräte fähig. Das gelang zuerst dem deutschen Physiker Philipp Reis. Von ihm geht die Entwicklung der Telephonie aus, auf seine Arbeiten und Ergebnisse haben sich die bald folgenden Formen gestützt, die zu sicherem Gebrauche geeignet waren.

Philipp Reis war am 7. Januar 1834 zu Gelnhausen bei Cassel als Sohn eines Bäckermeisters geboren. Er zählte also zu den immer nur wenigen, wie beispielsweise Faraday und Gauß,

---

[1]) Hennig, S. 163.

die unmittelbar aus dem Handwerkerstande ihren Aufstieg zu höheren geistigen Leistungen genommen haben. Gewöhnlich gehören zu solcher Steigerung mehrere Geschlechtsfolgen. Neben seiner Veranlagung für Mathematik und Naturwissenschaften[1]), soll er auch ausgesprochene Neigung für Sprachwissenschaften gezeigt haben. Dadurch wäre eine gewisse geistige Ähnlichkeit mit Leibniz, Gauß und Graßmann angedeutet. Der frühzeitige Tod des Vaters verhinderte eine regelmäßige Ausbildung in der von dem Sohne gewünschten Richtung. Er kam mit 14 Jahren zunächst in die kaufmännische Lehre, mit ungewöhnlicher Willenskraft wußte er sich aber daneben in seinem Sinne zu fördern. Den beabsichtigten Besuch einer Universität konnte er nicht durchführen, wurde aber schon 1858 infolge besonderer Umstände Lehrer an der Privatschule des Studienrates Garnier in Friedrichsdorf bei Frankfurt a. M. Seine fachliche Ausbildung wich also erheblich von der üblichen ab, er hat sie im wesentlichen nach eigener Einsicht als Selbstlerner geleitet. Er unterrichtete an der genannten Schule in den Naturwissenschaften bis zu seinem frühen Tode am 14. Januar 1874.

In einem Vortrage im Physikalischen Vereine zu Frankfurt a.M.[2]) hat Philipp Reis am 26. Oktober 1861 den ersten öffentlichen Bericht über sein Telephon gegeben. Er habe schon vor 9 Jahren angesichts der überraschenden Ergebnisse der Telegraphie an die Möglichkeit gedacht, „die Tonsprache selbst direkt in die Ferne mitzuteilen". Er war damals also 18 Jahre. Er habe aber seine Kenntnisse dafür als unzureichend empfunden und seine Studien darüber erst nach langer Zeit wieder aufgenommen, wie Eugen Hartmann angibt, im Jahre 1860. Das ist auch sehr wahrscheinlich, denn vorher würde der junge Mann von nunmehr 26 Jahren unter den Anfangsmühen seines Lehramtes kaum Zeit und Sammlung gehabt haben. Er spricht dann weiter von seinen Überlegungen[3]):

Wie sollte ein einziges Instrument die Gesamtwirkungen aller bei der menschlichen Sprache betätigten Organe zugleich reproducieren? Dieses war

---

[1]) Schenk, Prof. Dr.: Philipp Reis. Frankfurt a. M. 1878.
[2]) Hartmann, Eugen: Das Telephon, eine deutsche Erfindung. Frankfurt a. M. 1899.
[3]) Schenk, S. 10 u. 11.

immer die Kardinalfrage. Endlich kam ich auf den Einfall, diese Frage anders zu stellen:

Wie nimmt unser Ohr die Gesamtschwingungen aller zugleich tätigen Sprachorgane wahr? Oder allgemeiner genommen:

Wie nehmen wir die Schwingungen mehrerer zugleich tönender Körper wahr?

Um diese Frage zu beantworten, wollen wir zunächst sehen, was geschehen muß, damit wir einen einzelnen Ton wahrnehmen.

Er hat dann (unter den zahlreichen Quellen sei hier wieder der Schrift von E. Hartmann gefolgt) planmäßig die Mechanik der Gehörwerkzeuge zu ergründen gesucht und zur faßlichen Veranschaulichung zunächst das menschliche Ohr nachgebildet, Ohrmuschel und Schädelteile in Holz, das Trommelfell aus Hausenblase, die Gehörknöchelchen in Metall mit Gelenken statt der Bänder und den dadurch nötigen kleinen Formänderungen. An diesem Modelle[1]) mag Reis seine Vorstellungen über den Vorgang des Hörens geschult haben, und dabei können frühere träumerische Überlegungen neue Anregungen erfahren haben. Die Erfindung eines Werkzeuges zum Übertragen von Lautwirkungen in die Ferne konnte aber das Modellohr nur bei dem unterstützen, der schon die Absicht dazu in sich trug. Wann ihm nun die Eingebung kam, die Mechanik des natürlichen Ohres zum Vorbilde für den ersten Teil seines Lautübertragers zu nehmen, wird Reis später vielleicht selbst nicht mehr genau gewußt haben, spätestens wohl 1860, dem Jahre vor der ersten Bekanntgabe des vollständigen Gerätes. Für die Frage der Urheberschaft ist natürlich nur dieser Zeitpunkt von Bedeutung.

Das Telephon von Philipp Reis ist ja durch viele Veröffentlichungen in seinen verschiedenen Formen allgemein bekannt geworden, die Vorführung einiger der alten Abbildungen ist vielleicht trotzdem erwünscht, um die Erinnerung lebendiger zu machen. Abb. 1 zeigt eine Form des Gebers, der ersichtlich dem Teile des Ohres mit Ohrmuschel, Trommelfell und Gehörknöchelchen nachgebaut ist. Diese haben aber hier eine ganz andere Bestimmung als beim Ohre, sie sollen die den Tonhöhen entsprechenden Stromschwankungen veranlassen. Die durch die Ohrmuschel ein-

---

[1]) Urstück im Reichspostmuseum zu Berlin.

tretenden Schallwellen erteilen der Membran t (aus tierischer Blase, später aus Schweinsdünndarm oder Kollodium) Schwingungen entsprechender Anzahl. Federnde Metallstreifen f und h, hintereinander in einen Stromkreis geschaltet, sollten so eingestellt werden, daß sie sich bei ausgebauchter Membran leitend berühren, beim Rückgange der Membran aber den Stromkreis wieder öffnen. Auf das richtige Arbeiten dieses Unterbrechers (so mag er vorläufig genannt werden) kommt natürlich viel an, dieser empfindliche Teil hat deshalb vielfache Umgestaltung erfahren. Bei einer von diesen lag ein leicht pendelnder Arm im Ruhezustande lose an dem Metallstreifen der Membran an. Die nähere Betrachtung des Bewegungszustandes wird die Gründe dafür empfinden lassen. — Dieser Geber ist also ganz eine Verwirklichung des Vorschlages von Bourseul.

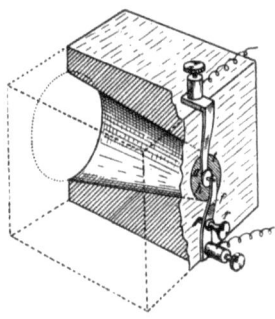

Abb. 1. Geber von Reis. (Eugen Hartmann, Das Telephon ...)

Wie bei dem Gerät im ganzen, ließ sich Reis auch bei der Ausbildung des Empfängers von dem Gedanken leiten, den er in seinem erwähnten Vortrage aussprach:

„Sobald es also möglich sein wird, irgendwo und auf irgendeine Weise Schwingungen zu erzeugen, deren Curven denjenigen eines bestimmten Tones oder einer Tonverbindung gleich sind, so werden wir denselben Eindruck haben, den der Ton oder die Tonverbindung auf uns gemacht hat."

Da nun Reis die Mechanik des Trommelfelles und seiner Hilfsteile ganz geläufig waren und schon als Vorbild für den Geber gedient hatte, so kann man nur darüber verwundert sein, warum Reis nicht dieselbe Bauweise auf den Empfänger übertrug, nämlich durch die periodisch veränderlichen Stromstöße mit Hilfe eines Elektromagneten wieder eine Membran gleichzeitig schwingen ließ. Das wäre doch, so meinen wir heute, das Einfachste und Nächstliegende gewesen. Für den schnell schwingenden Magnetanker bot ohnehin der schon überall bekannte Wagnersche Hammer eine gute Vorstellung. Reis hat ja selbst später auch diese Anordnung versucht, zuerst aber benutzte er für die Betätigung seines Empfängers die unter dem Namen „galvanisches Tönen" bekannte Erscheinung. Page hatte sie 1837 entdeckt, und seitdem hatten u. a. Wertheim und Joule eingehende Versuche damit angestellt[1]). Hier kann die kurze Erinnerung genügen: Ein dünner, mit Erregerwicklung versehener Eisen= oder Stahlstab (Stricknadel) läßt beim Schließen und Öffnen des Stromes einen schwachen Ton hören, und zwar von der Höhe des Longitudinaltones des Stabes. Als Ursache der Erscheinung hat Wertheim eine kleine Verlängerung des Stabes infolge des Magnetisierens festgestellt. Erfolgt die Erregung unter sehr schnellem Stromwechsel, so tritt neben dem Longitudinaltone noch ein anderer auf. Mit diesem in seiner Wirkung etwas geheimnisvollen Empfänger befähigte Reis sein Telephon bei der ersten Vorführung 1861 zum sicheren Übertragen von Tönen und auch zur teilweise wohl verständlichen Wiedergabe der menschlichen Stimme. „Es war bis jetzt nicht möglich, die Tonsprache des Menschen mit einer für jeden hinreichenden Deutlichkeit wiederzugeben", sagt Reis offen in seinem Vortrage.

Der Erfinder war von der Wichtigkeit seiner Schöpfung überzeugt, wenn er auch ihre ganze Tragweite schwerlich geahnt haben wird. Er hat in den folgenden Jahren sein Telephon weiter bekanntzumachen, wie auch zu verbessern gesucht. So hat er es auf der Naturforscher=Versammlung 1864 in Gießen vorgeführt. Poggendorf soll damals die Veröffentlichung in den „Annalen der Physik..." abgelehnt haben. Träfe das zu, so würde den Schriftleiter der ersten deutschen physikalischen Zeitschrift allerdings der Vorwurf der Beengtheit treffen, mehr als in dem schon 20 Jahre zurückliegenden Falle mit Robert Mayer. Denn bei dem Telephon handelte es sich um ein neues, doch leicht zu prüfendes Gerät, während Robert Mayer seine bahnbrechenden Ideen in einer ganz ungewohnten und wirklich schwer zu verstehenden Darstellung angeboten hatte. Verhältnismäßig früh war das Telephon von Reis nach England gekommen. Hier befaßte sich u. a. der Mechaniker Ladd in London damit. An ihn sandte

---

[1]) Müller=Pouillet: Physik, Bd. 3, S. 636 ff., 9. Aufl. 1888/90.

Das Telephon von Reis.

Reis die in Abb. 2 wiedergegebene Handskizze, die hier als Erinnerungsstück eingefügt ist[1]). Der Mechaniker Yeates in Dublin gab bei seinen eigenen Versuchen eine äußerlich unscheinbare Neuerung für den Geber an, die den Einblick in die Wirkungsweise wesentlich förderte. Davon wird weiterhin noch die Rede sein. In Deutschland war der Mechaniker Albert in Frankfurt a. M. der verständnisvolle Hersteller der Telephone von Reis.

Im ganzen war die Teilnahme an dem neuen Telephon gering. Es wurde mehr als eine anziehende physikalische Merkwürdigkeit

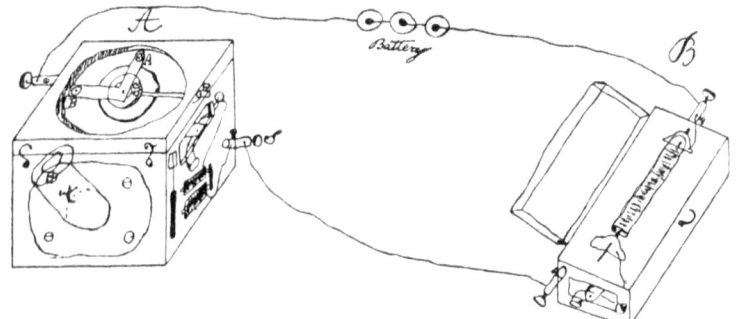

Abb. 2. Handskizze von Reis (Journ. Soc. Telegr. Eng. Vol. XII. 1883).

denn als ein für das praktische Leben brauchbares Verkehrsmittel betrachtet. „Die Erfindung kam eben zu früh für die Welt", sagte Silvanus Thompson, dessen Buch über Reis und seine Erfindung noch gewürdigt werden soll. Das Telephon von Reis kam aber auch für sich zu früh an die Öffentlichkeit. Werner Siemens mit seiner umfassenden Erfahrung in solchen Dingen warnt in seinen Briefen mehrfach eindringlich vor dem Versuche zur Einführung einer Erfindung, ehe sie vollständig ausgereift sei. Das war aber Reis' Gerät sicher noch nicht. Es war auch in den Folgejahren eine empfindliche, ziemlich umständliche Einrichtung, bei der namentlich die Behandlung des Gebers Ruhe und Geschick über das durchschnittliche Maß hinaus erforderte. Deshalb blieb der äußere Lohn Reis vorenthalten, und welcher Erfinder

---

[1]) J. Soc. Telegraph-Engs. and Electr. Vol. XII, S. 72. 1883.

rechnete nicht gern mit dem Zuströmen von Glücksgütern für seine Leistung!? Aber im allgemeinen darf nur der Erfinder auf Gewinn rechnen, dessen Geistesschöpfung schon wirtschaftliche Vorteile erzielt hat oder wenigstens in sichere Aussicht stellt. Das traf aber für Reis noch nicht zu. Er hätte auch wohl seine Enttäuschung über den vorläufig ausgebliebenen äußeren Erfolg überwunden, wenn ihm sein schweres Leiden mehr Widerstandsfähigkeit belassen hätte. Man darf deshalb Reis nicht ansehen als einen „unglücklichen Erfinder", den sein undankbares Vaterland darben ließ, wie Hughes meint, in aufrichtiger Schätzung von Reis und seinem Werke. Hughes war freilich durch seinen Drucktelegraphen an reichlichen Erfolg gewöhnt, er hatte aber seine Erfindung auch nicht in unfertigem Zustande herausgegeben, wie Reis es tat in seinem idealen Drange nach baldiger Bekanntgabe.

Die Verbesserungen, die Reis seinem Telephon in den 60er Jahren noch angedeihen ließ, betrafen vornehmlich die Kontaktstellen am Geber und den die Schallwellen an der Empfangstelle erzeugenden Teil. Für diesen hatte er, wie schon erwähnt, auffallenderweise die Einrichtung nach Page gewählt. Dafür und für sein Festhalten daran, trotz folgender anderer Versuche, war vielleicht die sinnfällige Verbindung von Akustik und Elektrizität maßgebend, die in der üblichen Bezeichnung „galvanisches Tönen" weniger zum klaren Ausdrucke als zur Empfindung kam. Keineswegs aber konnte er bei seiner Wahl des Erfolges von vornherein sicher sein, denn daß die neben dem Longitudinaltone auftretenden Töne dem vom Geber vorgeschriebenen Gesetze genau folgen würden, wie er hoffte, mußte er erst feststellen. Es ist ja auch an bestimmte Bedingungen gebunden. Während nun Reis allerdings eine unverkennbare Vorliebe für diese Art Empfänger hatte, gehen zahlreiche Darsteller so weit, in dem „galvanischen Tönen" die Grundlage und das Wesentliche von Reis' Telephon zu sehen. Noch in der neuesten Zeit konnte man lesen, wie damit gewissermaßen das Telephon schon gegeben gewesen sei. Das ist schwer verständlich. Das Versuchsgerät nach Page hat an sich nicht mehr Beziehungen zum Telephon von Reis, als etwa die galvanische Säule, die es zweckmäßig zum Betriebe benutzt. Es ist nach geeigneter Anpassung als Empfänger brauchbar, aber keineswegs am besten, ohnehin einigermaßen sperrig und auch in dieser Richtung anderen Empfängern unterlegen. Nur der Umstand, daß hier schon eine Möglichkeit zur Tonbildung mit Hilfe des elektrischen Stromes vorlag, brachte das Hilfsgerät nach Page für einige Zeit in den Vordergrund. Daß Reis es auch selbst nicht als notwendig für seine Telephone erachtete, zeigte er sehr bald, indem er einen Empfänger versuchte, der die Aufgabe, die elektrischen Stromstöße in akustisch wirksame Schwingungen zu verwandeln, in der uns jetzt nächstliegenden und grundsätzlich einfachsten Weise löste. Davon gibt Abb. 3 eine Vorstellung. Im ganzen soll er 10 verschiedene Geber und 4 Empfänger ausgeführt haben, von dem Empfänger nach Abb. 3 aber bald wieder zurückgekommen sein. In diesen Verhältnissen dürfte der Empfänger auch wohl stark schnarrendes Mißtönen gegeben haben.

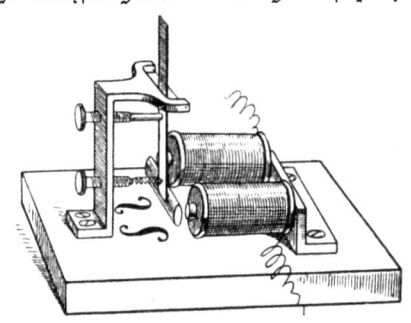

Abb. 3. Reis' Empfänger, spätere Form. (Eugen Hartmann, Das Telephon ...)

Wiederum kann man sich nur wundern, wie die Lösung mit der Membran, die von einem Elektromagneten rhythmisch bewegt wird, die doch für Reis scheinbar die nächstliegende gewesen sein sollte, nicht gewählt wurde, ein Beispiel für die oft sonderbaren Abweichungen von dem vermeintlich geraden Entwicklungswege. — Außer Reis selbst sollen die schon genannten englischen Mechaniker Ladd und Yeates ähnliche Empfänger nach Abb. 3 mit teilweise gutem Erfolge versucht haben. Yeates hatte auch bei seinen Versuchen den Unterbrecher des Gebers in verdünnter Säure arbeiten lassen. Der Zweck dieser Maßnahme wird weiterhin hervortreten. Über ein Reis-Telephon mit Empfänger der besprochenen Art wie auch über Versuche damit berichtete 1862[1]) der Telegrapheninspektor v. Legat in Cassel.

---
[1]) 3. dtsch.-öst. Telegraphenvereines, S. 125. 1862.

Zur besseren Würdigung der Arbeiten von Reis wird man sich zweckmäßig zunächst seine Absichten vor Augen führen, die Entwicklungsgeschichte seines Telephones. Beim Forschen in den zeitgenössischen Quellen stößt man da gleich wieder auf eine Sonderbarkeit, an denen die Telephon-Geschichte überhaupt reich erscheint. Man begegnet nämlich häufig der Meinung, daß Reis nur die Absicht gehabt habe, musikalische Töne zu übertragen, und daß die Wiedergabe des gesprochenen Wortes ein gar nicht gesuchtes Miterzeugnis gewesen sei.

So schreibt auch Hennig in seiner geschichtlichen Übersicht. Eine solche Annahme ist wenig wahrscheinlich. Reis hätte doch mit der Übertragung einfacher Töne einen Zweck verbunden, worunter man sich nur eine Art Telegraphie vorstellen könnte, etwa, wie sie später von La Cour ausgebildet wurde. Man findet aber keinen Anhalt bei Reis für die Annahme einer Verwertung seiner Arbeiten in der fraglichen Richtung. Versucht man dagegen die andere Voraussetzung, daß Reis' Absicht von vornherein die Übertragung von Wörtern gewesen sei, so stimmen alle Einzelheiten, die man von seinen Arbeiten weiß, damit überein. Reis sucht sich genau über die Gehörwerkzeuge zu unterrichten, er bildet ein Ohr körperlich nach, dabei erforscht er die Mechanik des Trommelfelles und der Gehörknöchelchen, er weiß, daß den verschiedenen Lauten bestimmte Schwingungsweisen des Trommelfelles entsprechen und so zur Wahrnehmung durch die Gehörnerven gelangen. Das Erste aber, woran wir bei dem Begriffe Gehör denken, ist die Sprache. Reis hatte, bis zur Zeit seines ersten Vortrages wenigstens, schon feste Vorstellungen über die Entstehung der Sprechlaute, die er aus dem Zusammentreten einer Anzahl einfacher Wellenzüge entstehend annimmt. (Siehe Anhang 1.) Ohne Hilfe der feineren Untersuchungen, die bald danach Helmholtz in seiner „Lehre von den Tonempfindungen" kundgab, stand doch Reis in der richtigen Erkenntnis der Lautgebung. Wenn er nun einen anderen Gedanken in das schon bekannte Gebiet hineintrug, nämlich die Schallübertragung auf größere Abstände mit Hilfe eines Zwischenmittels, so hätte er sich bei dem eingeschlagenen Entwicklungswege geradezu bemühen müssen, dabei nicht auch an die Sprache zu denken. Es bleibt deshalb nur die Annahme wahrscheinlich, daß Reis von vornherein die Übertragung der Sprache zum Ziele hatte. — Für die Urheberschaft ist diese Frage unerheblich, sie beginnt erst mit dem Vortrage 1861, da Reis vorher nichts darüber öffentlich geäußert hat. Zum Einblicke in die Gedankenwelt des Erfinders ist aber eine Klärung des Zweifels nicht wertlos.

Von großer Bedeutung ist nun die Feststellung von dem, was Reis tatsächlich erreicht hat. Auch hierüber sind die Berichte und Meinungen sehr verschieden. Als Beispiele aus späterer, also schon mehr abgeklärter Zeit seien hier zwei Urteile aus angesehenen, vertrauenswerten Druckschriften erwähnt. So veröffentlichte das vortrefflich geleitete „Jahrbuch der Erfindungen" von Prof. Gretschel und Dr. Wunder[1]): „Dieses Reissche Telephon, das sich allerdings nicht zur Reproduktion der gesprochenen Rede eignet, sondern nur mit der Stimme einer Kindertrompete gesungene Melodien wiedergibt..." Eigentlich noch weiter in der ungünstigen Beurteilung geht zu gleicher Zeit Prof. Rinaldo Ferrini in Mailand, der in seiner „Technologie der Elektrizität und des Magnetismus"[2]) mitteilt: „Man kann mit den Reisschen Telephonen zwar die Höhe, aber weder die Stärke noch die Klangfarbe wiedergeben." Also auch nicht die Sprache und das Sonstige unvollkommen. Auch die spätere Bestätigung dieser Auffassung durch einen angesehenen Physiker, Leopold Pfaundler[3]), sei hier schon angedeutet.

Die Aussage von Reis selbst steht diesen Urteilen bestimmt entgegen. Seiner schon oben wiedergegebenen bescheidenen Äußerung über die damalige (1861) Leistung seines Gerätes fügt er noch hinzu: „— Die Consonanten werden größtenteils ziemlich deutlich reproduziert, aber die Vokale noch nicht im gleichen Grade. Woran dieses liegt, will ich versuchen zu erklären..." — Der Berichterstatter der „Geschichte und Entwicklung des elektrischen

---

[1]) Jg. 1878, „Das Telephon", Sonderabdruck S. 5, Leipzig: Quandt & Händel.
[2]) Deutsch von Schröter, Jena: Costenoble 1879.
[3]) Müller-Pouillet: Physik Bd. 3, S. 908. 1888/90.

Fernsprechwesens"¹) kommt, offenbar ein Niederschlag von zahlreichen Äußerungen, zu ähnlichem Ergebnisse. — Eugen Hartmann faßt die Erzählungen der noch lebenden und bei seinem Vortrage (1897, S. 10) teilweise anwesenden ehemaligen Schüler von Reis dahin zusammen, „daß der Versuch, nicht nur Töne, sondern auch die menschliche Sprache, selbst mit diesen noch unvollkommenen Hülfsmitteln zu übertragen, in überraschender Weise gelungen ist, wenn auch die Töne meist durch summende Geräusche unterbrochen wurden". Reis selbst wieder sagt in seinem englisch geschriebenen Briefe vom 13. Juli 1863²) an Ladd, mit dem er ihm die Handskizze (nach Abb. 2) sendet: „Any sound will be reproduced if strong enough to set the membrane in motion." Offenbar soll dieser Satz ausdrücklich sagen, daß alle Laute, auch die Sprechlaute, aus dem Empfänger ertönen.

Woher solche Widersprüche stammen, soll nachher zu erklären versucht werden. Zunächst darf man aber wohl schon die letzten Zeugnisse als überzeugend für die höhere Leistung des Telephones von Reis ansehen. Es war also, so wird man sagen müssen, ein noch unvollkommenes Gerät, das gewiß einen recht launischen Eindruck gemacht hat. Aber man konnte ihm, wenn man Glück hatte, wohl verständliche Wörter entnehmen. Die Möglichkeit lag also schon vor, die Sprache über weite Abstände wirken zu lassen, es kam nur noch darauf an, die Einzelheiten des Gerätes in ihrer Tätigkeit zu studieren, zu verbessern und so das ganze Gerät vor allem zuverlässig zu machen. Das hätte vielleicht noch eine gänzliche Umgestaltung erfordert, aber die Grundlage, die sichere Aussicht auf Erfolg war doch schon vorhanden, wenn auch die Wirkungsweise noch nicht hinreichend beherrscht wurde.

Was aus den mitgeteilten Quellen als höchst wahrscheinlich geschlossen werden kann, möge schließlich das Zeugnis des bekannten Physikers D. E. Hughes erhärten, der durch seine langjährigen telegraphentechnischen Arbeiten ganz besonders zu sachlicher Prüfung neuer Erscheinungen auf seinem Gebiete befähigt war. Prof. Hughes berichtete im März 1895 in London im Kreise

---

[1] Berlin 1880.
[2] J. Soc. Telegraph-Engs. and Electr. Vol. XII, S. 70. 1883.

von Sachleuten über seine ersten Erfahrungen mit dem Telephon[1]). Er hatte das Telephon von Reis jedenfalls in England bei Ladd und Yeates kennengelernt und ein Gleichstück von Reis selbst erhalten. Das führte er 1865 dem Kaiser von Rußland bei günstiger Gelegenheit vor. „Mit diesem Apparat war ich im Stand, nicht nur alle musikalischen Töne, sondern auch einzelne gesprochene Worte vollkommen deutlich zu übermitteln und zu empfangen. Die Übermittlung der Sprache war allerdings sehr unsicher, denn während zeitweise einzelne Worte durchaus klar und deutlich gehört werden konnten, blieb die Sprache gleich darauf aus ungeklärter Ursache vollständig fort. Dieser ausgezeichnete Apparat gründete sich bekanntlich auf die reine Theorie des Fernsprechens und enthielt alle notwendigen Erfordernisse, um ihm einen praktischen Erfolg zu sichern."

Als bedeutungsvoll für die Kenntnis des Telephones von Reis müssen endlich noch die späteren Versuche aus dem Jahre 1885 erscheinen, über die im folgenden Jahre J. Paddock vom Stevens-Institut of Technology in einem Briefe an J. Houston berichtete[2]):

„... Ich nehme mir die Freiheit, Ihnen über diesen Gegenstand einige noch ungedruckte Tatsachen von besonderem Interesse mitzuteilen. Im Frühjahr 1885 wurde mir ein Geber mit Membran und ein Empfänger mit Nadel zugestellt, welche von Philipp Reis vor dem physikalischen Vereine zu Frankfurt a. M. 1861/62 ausgestellt worden sind. Diese Apparate wurden mir von A. Qu. Kensby, Mitglied des Rates der Overland Telephone Company, geliefert, welcher dieselben von Prof. Thomson in Bristol erhalten hatte, dem sie vom Dr. Stein zu Frankfurt a. M. zugestellt worden waren; Dr. Stein aber erhielt sie von Dr. Böttcher, dem Vorsitzenden der physikalischen Gesellschaft zu Frankfurt, welchem sie Reis selbst nach seinem Vortrage vor dieser Gesellschaft übergeben hatte. Der Geschichte dieser Apparate ist demnach leicht zu folgen, und ihre Ächtheit ist durch schriftliche Zeugnisse von Frankfurt festgestellt worden.

Die Apparate wurden mir in gutem Zustande zugestellt und erforderten keine andere Änderung als die Erneuerung des einen hölzernen Trägers der Nadel, der fehlte, und eine geringe Ausbesserung des hölzernen Gehäuses, das während des Transportes gesprungen war.

Es ist mir gelungen, mit diesem Apparate das gesprochene Wort deutlich zu geben und zu empfangen. Man erzeugt die musikalischen Töne und den Gesang leicht wieder, und als eine wichtige Tatsache muß besonders hervor-

---

[1]) Elektrot. Zschrft. (ETZ) 1895, S. 244.   [2]) ETZ 1886, S. 394.

gehoben werden: daß diejenige Lage des Gebers, welche die vorteilhafteste zum Geben der musikalischen Töne war, zu gleicher Zeit auch diejenige war, die das gesprochene Wort am besten wiedergab, eine Nachweisung von wesentlicher Tragweite in bezug auf den Einwurf, daß die Apparate von Reis nur die musikalischen Töne, nicht aber das gesprochene Wort wiederzugeben vermöchten, denn sie beweist die Notwendigkeit, den Geber in einen und denselben Tätigkeitszustand einzustellen, wenn er den beiden Arten des Telephonierens genügen soll. Die Apparate von Reis geben nicht allein den Klang der musikalischen Töne weiter, sondern auch deren Amplituden und fast vollständig ihre Eigenart, wie die Veröffentlichungen aus jener Zeit beweisen. (Jahresbericht des Phys. Vereines zu Frankfurt 1861/62 und Dt. Ind.=Zg. 1863.)

Ich wurde bei dieser Arbeit durch E. W. Smith, praktischer Telephonist, unterstützt, und wir haben eine große Anzahl von Worten und Sätzen geben und empfangen können, ebenso klar und deutlich wie mit den neueren Telephonen, und das, obwohl die Apparate aus einer Zeit vor 30 Jahren herstammen und das Diaphragma des Gebers aus einer dünnen thierischen Membran bestand, welche leicht die Feuchtigkeit des Atems aufnimmt, so ihre Elastizität verliert und aufhört, genau den Schwingungen der Stimme zu entsprechen."

Die mitgeteilten Beispiele geben aus der beträchtlichen Zahl der verschiedenartigsten Äußerungen über Reis' Telephon eine Auslese, die zum sicheren Erkennen des tatsächlichen Zustandes und Verhaltens geeignet, aber auch hinreichend sind. Was ferner noch an Einzelheiten darüber besonderer Art zu erwähnen ist, kann den Einblick nur vertiefen.

Zur Einschätzung der persönlichen Leistung von Reis wird man nun eine Vorstellung davon zu gewinnen suchen, mit welchen Mitteln der Erkenntnis die Erfindung entstand.

Reis hatte bei Beginn seiner ernsthaften Studien über die Gehörwerkzeuge kaum die Mitte seiner 20er Jahre erreicht, und etwa zwei Jahre später war im wesentlichen das Werk abgeschlossen, das seinen Namen verewigte. Die Geschichte der Wissenschaft hat bisher nicht feststellen, geschweige denn begründen können, welches Lebensalter für Leistungen auf bestimmten Gebieten den Vorrang behauptet. Jedenfalls ist eine wissenschaftlich=technische Tat in so jugendlichem Alter eine seltene Ausnahme. Dabei war Reis in seinen jungen Jahren und besonders bei seinem krausen Entwicklungsgange gewiß noch nicht sehr tief in das eine seiner Lehrfächer, in die Physik, eingedrungen. Die Grundlage war also noch wenig tragfähig, aber andererseits empfand der jugendliche

Forscher und Schöpfer nichts von den Hemmungen, die das sorgfältige Schulen für bestimmte Berufstätigkeit in den Ausbildungsjahren naturgemäß bereitet. Reis war offenbar ähnlich veranlagt wie die Brüder Siemens, die sich in frühzeitigem, eigenem Schaffen das für sie Brauchbarste an Wissen erwarben. Besonders nahe liegt der Vergleich mit Friedrich Siemens, der im Alter von 30 Jahren, nachdem er sich ohne förmliche Schulung in die Technik „hineinerfunden" hatte, den Regenerativofen erfand, der die ganze Feuerungstechnik umgestaltete. — Solche Leistungen sind natürlich nur denkbar bei Veranlagung zu selbständigem Denken und ungewöhnlichem Fleiße. Bei Philipp Reis zeugen schon die hinterlassenen Modelle von der Gründlichkeit und Ausdauer seines Vorgehens, und sein Hinweis in dem Vortrage von 1861 auf die bisherigen akustischen Untersuchungen von Willis und Helmholtz (Helmholtz' „Lehre von den Tonempfindungen" erschien erst 1863), sowie seine eigenen kurzen Darlegungen über die Lautbildung beweisen zur Genüge, daß er sich die Erkenntnisse seiner Zeit auf seinem besonderen Felde schnell zu eigen machte und bei seinem Vorgehen benutzte. Dagegen dürfte er kaum weit ausholende literarische Forschungen auf dem Gebiete angestellt haben, auf das ihn seine Neigung geführt hatte. Solche planmäßige Vorbereitung liegt einem jugendlichen Schaffensdrange auch ferner. Reis war auch die Bezeichnung „Telephon" fremd geblieben, er glaubte mit manchen Vorgängern, das Wort selbst für sein Gerät gebildet zu haben, wie er noch in seinem ersten Vortrage sagte. Schon daraus würde folgen, was auch sonst wahrscheinlich ist, daß Reis die Arbeit von Bourseul nicht gekannt hat. Ohnehin hätte er bei seiner von Nahestehenden bezeugten geraden Sinnesweise gewiß davon Kenntnis gegeben. Man hat also allen Grund, Reis das persönliche Verdienst um die Erfindung seines Telephones in allen Einzelheiten zuzuschreiben. Anders selbstverständlich ist die Urheberschaft im öffentlichen Sinne zu beurteilen. Es kommt dabei nicht mehr darauf an, was dem Erfinder tatsächlich vorbekannt war, sondern was er hätte wissen können. Der Nacherfinder kann ebenso geistvoll sein wie der Vorgänger, aber ein Verdienst um die Allgemeinheit kann ihm aus der Erfindung selbst nicht mehr zugesprochen werden. Nun hatte Bourseul beschrieben, wie man die Laute auf elektrischem Wege übertragen solle, indem zunächst durch die angesprochene Membran Stromunterbrechungen (so soll vorläufig noch kurz gesagt werden) mit entsprechender Geschwindigkeit zu veranlassen wären. Das hat Reis ausgeführt. Dann sollten mit einem geeigneten Mittel die Stromstöße eine zweite Membran in Schwingungen versetzen. Wie das zu erreichen sei, hat Bourseul nicht gesagt. Reis hat dazu den „tönenden Strom" nach Page verwendet und ist nach Versuchen mit der unmittelbaren magnetischen Wirkung dahin zurückgekehrt. Keines von diesen Mitteln erscheint also selbstverständlich, wie schon früher gesagt. Der allgemeine Hinweis von Bourseul in bezug auf diesen Punkt gab einem Fachmanne der damaligen durchschnittlichen Fertigkeit noch nicht die Möglichkeit einer brauchbaren Ausführung. Dem Wanderer war wohl die Richtung zum Ziele gewiesen, nicht aber das Mittel gegeben, das Gelände zu überwinden. — Dieser Punkt muß bei der Schätzung der Leistung von Reis mit besonderer Sorgfalt erwogen werden, da er wesentlich für die Beurteilung ist. — Ob schließlich Reis aus dem Fadentelephon eine Anregung für seine Arbeiten geschöpft hat, erscheint zweifelhaft, da er bei seinem Vorgehen einer wesengleichen Vorstellung aus der Mechanik kaum bedurfte, und da das Fadentelephon zwar schon lange bekannt, aber doch nur selten zu sehen war.

Es wird jetzt zweckmäßig sein, die Wirkungsweise des Telephones von Reis näher zu betrachten, um dabei vielleicht eine Erklärung der Widersprüche zu finden, die sich aus den Äußerungen der verschiedenen Berichte ergeben. Es ist vielfach bezweifelt, ob Reis bei der Art seiner Geräte überhaupt eine Übermittlung der Sprache erhalten konnte. Die Untersuchung wird zeigen, daß die widersprechenden Beobachtungen sich sehr wohl auf Grund einfacher Überlegungen in Einklang bringen lassen. Außerdem kann auf diesem Wege ein Anhalt für die Beurteilung der Folgeerscheinungen gefunden werden.

Ein angesehener Physiker, Prof. L. Pfaundler in Innsbruck,

gibt in dem weitverbreiteten Lehrbuche der Physik von Müller-Pouillet[1]) eine Darlegung der Wirkungsweise des vorher beschriebenen Telephones, die also nach Verfasser und Ort als die geltende Auffassung angesehen werden darf. Es heißt dort S. 907:

„Sobald nun die Schallwellen eines hinlänglich kräftigen Tones durch die Mündung S in den Hohlwürfel A eintreten, wird die elektrische Membran, welche denselben oben schließt, in Vibrationen versetzt. Jede eintretende Verdichtungswelle hebt das Platinblättchen samt dem darauf sitzenden Stiftchen; wenn aber die Membran nach unten schwingt, kann das Blech hgi mit dem bei i befestigten Stiftchen nicht schnell genug folgen, es entsteht also hier bei jeder Vibration der Membran eine Unterbrechung des Stromes, welche sich auch durch ein an der Unterbrechungsstelle auftretendes Fünkchen zu erkennen gibt."

Mit diesen Worten sollten die Bewegungsverhältnisse des lose anliegenden Kontaktstückes annähernd beschrieben werden.

Die Mechanik der Kontaktteile ist trotz der äußeren Einfachheit offenbar sehr verwickelt und jedenfalls auch von dem wechselnden Zustande der zarten Teile abhängig. Es kommt hier aber in der Hauptsache nur auf einen bestimmten Punkt an, nämlich, ob tatsächlich an der Übergangsstelle eine Stromunterbrechung erfolgt, Pfaundler nimmt das an, wie aus seinen angeführten Worten hervorgeht, und sagt dann auf S. 908 weiter dazu:

„Das Telephon von Reis hat die Unvollkommenheit, daß durch die Schwingungen der Membran an der Aufgabestation ein Strom nur ganz unterbrochen oder in voller Stärke hergestellt werden kann, daß aber durch die verschiedenen Größen der Schwingungsintensität resp. der Amplituden der Membran nicht auch entsprechend verschiedene Stromintensitäten hervorgerufen werden können. Es ist daher mit diesem Instrumente wohl ein Rhythmus, also eine Tonhöhe, nicht aber eine Klangfarbe zu reproduzieren."

Unter diesen Umständen würde allerdings erst bei einer gewissen Ausweichung der Membran der Strom geschlossen und bis zum Wiederzurückgehen unter diesen Wert in voller Höhe aufrecht erhalten bleiben.

Ein Sprechen mit dem Reisschen Telephon wäre also nach Pfaundler nicht möglich gewesen. Ganz abgesehen von ihrer Widerlegung durch die Tatsachen, sind die begründenden Vorstellungen von vornherein unzureichend. Bei den mikroskopischen Verhältnissen, um die es sich hier handelt, kann von Stromstößen

---

[1]) 9. Aufl., Braunschweig 1888/90.

gleichmäßiger Stärke nicht die Rede sein. Die Funkenstrecke, die ja der Berichter selbst erwähnt, würde jedenfalls ein plötzliches Erlöschen des Stromes verhindern. Das Kontaktstück wird eine verhältnismäßig erhebliche Strecke unter steigendem Widerstande an der Übergangsstelle zurücklegen, der Strom geht nur allmählich zurück. Vielleicht würde dieser Vorgang beim weiteren Ausmalen schon genügen, um zu Schlüssen zu gelangen, die den Tatsachen besser entsprechen. Man darf sich aber auch recht gut vorstellen, daß der Strom praktisch gar nicht unterbrochen wird. Dann hätte man es überhaupt nur mit Stromschwankungen zu tun, und damit würde allen Feinheiten der Sprachübertragung genügt werden können.

Man muß deshalb wohl annehmen, daß Pfaundler sich bei seinem Berichte nicht von eigenen Beobachtungen an dem Telephon hat leiten lassen, sondern, daß er Schlüsse aus Überlegungen gezogen hat, die einer schärferen Prüfung nicht standhalten. Aus Mangel an eigener Erfahrung mit dem Telephon und aus ungenügender Vorstellung von der Kontaktwirkung wird man sich überhaupt die vielfach unzutreffenden Urteile zu erklären haben, die hinsichtlich der Sprachübertragung auch von unbefangener Seite ausgegangen sind. Dahin gehört auch die Ansicht von E. Hoppe in seiner „Geschichte der Elektrizität"[1]). Andererseits sind eben wegen der mikroskopischen, ins Spiel tretenden Größen, wenn man die vorstehende Schilderung der Stromschwankungen als zutreffend ansieht, sehr wohl die häufigen Störungen und Mißerfolge zu verstehen, die nach den Berichten das Arbeiten des Telephones begleiteten. Auch Eugen Hartmann erwähnt die Schwierigkeiten, die er bei späteren Versuchen mit dem Reisschen Gerät (aus der Sammlung des Physik. Vereines in Frankfurt a. M.) gehabt habe, bis er zu seiner Überraschung ein ganz deutliches Sprechen und sogar bei erheblicher Lautstärke vernommen habe. Wie sich denken läßt, verlangte die passende Einstellung des Kontaktmechanismus Sorgfalt und Geschick, und schon winzige Änderungen konnten den eben noch sicheren Gang in Unordnung bringen. Diese Unsicherheit war die hauptsächliche noch

---

[1]) Hoppe, E.: Geschichte der Elektrizität, S. 600. Leipzig 1884.

Das Telephon von Reis.

verbliebene Unvollkommenheit des Telephones von Philipp Reis.

So würden die Zweifel an der Leistung des Reis=Telephones verschwinden, und die auffallenden Abweichungen der Berichte in dem wesentlichen Punkte ihre einfache Erklärung finden.

Reis selbst spricht in seinem Vortrage 1861 einfach vom Öffnen und Schließen des Stromes bei der Tongebung. Ob er damit nur den kürzesten Ausdruck für die Wirkungsweise bei der doch nicht eingehenden Beschreibung gebrauchen wollte, und ob ihm selbst damals die Bedingungen für die Lautbildung an der Kontaktstelle noch nicht geläufig waren, läßt sich nicht mehr sagen. Später wird er wahrscheinlich die zutreffendere Erkenntnis gehabt haben, wie auch Eugen Hartmann mitteilt (S. 10 seines Buches). Das ginge aus seinen Anweisungen zur Behandlung des Telephones hervor, wonach keine wirklichen Unterbrechungen eintreten dürften. — Übrigens, das sei ausdrücklich hervorgehoben, hat auch Bourseul nur von Schließen und Unterbrechen des Stromes gesprochen, und Du Moncel a. a. O. erkannte auch schon, daß in dieser Weise nur musikalische Töne, nicht die Sprache wiedergegeben werden könnte. Hätte also jemand die Anweisung von Bourseul befolgen können, ohne dabei die notwendigen sonstigen Stromschwankungen von selbst entstehen zu lassen, so hätte er einen Mißerfolg hinsichtlich der Sprache haben müssen.

Bei der Wichtigkeit der richtigen Lautbildung an der Kontaktstelle möge hier eine etwas eingehendere Betrachtung darüber eingeschoben werden. Es wird sich zeigen, daß damit auch leicht ein Übergang zu der späteren endgültigen Form des Telephones gefunden werden kann.

Am einfachsten gestaltet sich die Vorstellung, wenn man die, wie schon erwähnt, von Yeates angegebene Übergangstelle in angesäuertem Wasser wählt. Offenbar wollte Yeates damit eine stetige Widerstandänderung in genügendem Umfange durch die Schwingungen der Membran erzielen. Er hat damit auch seinen Zweck erreicht, wie bezeugt wird. Hier soll die Einrichtung nur als Versinnlichungsmittel dienen. Der Einblick in ihre Wirkungsweise ist schon mit den wenigen beschreibenden Worten gegeben, für Vergleichszwecke und für die weitere Ausdehnung der Betrachtung wird aber noch die folgende zeichnerische Behandlung nützlich sein können.

Es sei eine Übergangsstelle mit flüssigem Leiter angenommen, etwa zwei Nadelspitzen, die sich in angesäuertem Wasser gegenüberstehen. Dann sollen in Abb. 4 auf der Abszissenachse die Abstände der Nadelspitzen voneinander in sehr vergrößertem Maßstabe abgetragen sein, während die Ordinatenachse den mit l veränderlichen Widerstand w darstellt. Der Widerstand möge dem einfachen Abstande der Spitzen entsprechen. Die Abweichungen von dem linearen Verhältnisse zwischen l und w werden bei solchen Einrichtungen meist erheblich sein, indessen wird sich immer eine genügende Annäherung denken lassen, um die folgenden kurzen Betrachtungen zu rechtfertigen. — Bei einem bestimmten Leitvermögen der Flüssigkeit werde das Verhältnis von Abstand zu Widerstand zwischen den Spitzen durch die Gerade I dargestellt, einem anderen Leitvermögen entspreche die Gerade II. Die Spitze der einen Nadel sei feststehend in o, die andere Spitze, mit der Membran verbunden, schwinge mit der gleichbleibenden Ausweichung $\triangle$ l. Dann wird sich w periodisch immer um dasselbe Stück ändern, aber das Verhältnis der Grenzwiderstände wird von der Grundstellung der beweglichen Spitze abhängen, je näher sie nach links an o ist, um so größer wird das Verhältnis sein, um so ausgiebiger also die Stromschwankungen. Dasselbe Gesetz gilt auch für die Gerade II, die schraffierten Dreiecke ergeben den Zusammenhang. Alle diese Veränderungen lassen sich unschwer auch ohne die zeichnerische Darstellung übersehen, sie treten dann aber wohl nicht so anschaulich vor Augen. (Diese Betrachtungsweise könnte übrigens unter Deutung des Wertes wl weiter ausgeführt werden, doch sei hier davon abgesehen.) Jedenfalls übermitteln die Linien eine faßliche Vorstellung von der Wirkungsweise einer veränderlichen Widerstandstrecke je nach ihrer Einstellung, und

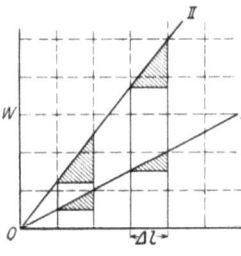

Abb. 4. Kontaktwirkung.

man wird sich auf diese Art leichter die Erscheinungen unter verschiedenen Bedingungen erklären. — In ganz ähnlicher Weise läßt sich nun aber auch das Verhalten von veränderlichen Druckkontakten darstellen, und damit ergibt sich die Möglichkeit, veränderliche Widerstandstrecken jeder Art, wie sie bei Telephonen in Frage kommen, aus einheitlichem Gesichtspunkte zu betrachten. Daß die auftretenden Verschiebungen an der Kontaktstelle in diesem zweiten Falle noch mehr als in dem vorher besprochenen als mikroskopisch klein anzusehen sind, kann das Verständnis nicht erschweren.

In Abb. 5 ist ein Linienplan ganz nach Art der Abb. 4 entworfen, hier bedeuten aber l die verkehrten Werte $\frac{1}{p}$ des Druckes der Kontaktstücke aufeinander. Denn mit steigendem Werte von p verkürzen sich die Kontaktstücke in der Druckrichtung und umgekehrt, und diese Längsänderungen sind ein Maß für den Druck. Bedeute deshalb die Gerade II das Änderungsgesetz beispielsweise für Kupfer gegen Kohle, so könnte die Gerade I etwa für Kohle gegen Kohle gelten. Die Abb. 5 deutet noch eine weitere Anwendung der

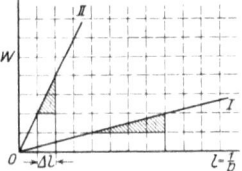
Abb. 5. Kontaktwirkung.

Darstellungsweise an, wenn nämlich die Forderung gestellt wäre, bei den verschiedenen Kontaktpaaren I und II unter demselben Verhältnisse der Grenzwiderstände zu arbeiten. Die Fläche jedes der beiden schraffierten Dreiecke muß den gleichen Teil der zugehörigen größeren Dreiecke bilden. — Diese gleichartige Betrachtungsweise äußerlich ungleichartiger Einrichtungen kann die Beurteilung der verschiedenen Kontaktgeber in der Telephonie oft erheblich erleichtern. Sie enthält auch die Erklärung für die Wirkung des Reis=Telephones bei verschiedenen Ausführungen und für das leichte Versagen bei Überschreiten gewisser Grenzen.

Nach den einwandfreien Zeugnissen über die Entstehung und Leistung des Telephones von Philipp Reis, die sich auf ein Vielfaches vermehren ließen, kann man zusammenfassend sagen:

Philipp Reis hat als Erster die Übertragung der Stimme auf elektrischem Wege mit Erfolg ausgeführt.

Ebenfalls als Erster hat Reis die jetzt allgemein gebrauchte Form der Übertragung mit Erfolg ausgeführt, bei der die Schallenergie an der Gebestelle nur zum Steuern der an der Empfangstelle wirksam werdenden elektrischen Energie dient.

Die Art der Anlage im ganzen hatte vorher Bourseul angegeben, aber nicht ausgeführt, und in den Einzelheiten nur teilweise so weit beschrieben, daß eine Ausführung für den Fachmann ohne neues erfinderisches Zutun möglich war.

Reis hat als Erster einen geeigneten Empfänger angegeben und ausgeführt.

Das Gerät von Reis war für den allgemeinen Gebrauch noch nicht genügend durchgebildet.

Damit dürfte das schöpferische Tun von Philipp Reis deutlich gekennzeichnet sein. Auf eine kürzere Formel läßt sich die Beurteilung vom sachlichen Standpunkte aus kaum bringen, denn es verschlingen sich schon beim ersten Schaffen des Telephones unverkennbar Fäden verschiedener Herkunft. Die Abschätzung des Verdienstes von Reis wird danach verschieden sein, je nach der Empfindung des Betrachters. Zur richtigen Kenntnis der persönlichen Leistung von Reis muß aber als wahrscheinlich betont werden, daß er auf eigenartigem Wege ohne fremde Anregung und Vorarbeit seine Schöpfung begonnen und vollendet hat.

Silvanus Thompson über Philipp Reis.

Kennern des Schrifttums über Telephonie wird aufgefallen sein, daß gerade die eingehendste Schrift über Philipp Reis und sein Telephon noch nicht zur Klärung des Entwicklungsganges herangezogen wurde, das Buch von Silvanus Thompson, „Philipp Reis,. Inventor of the Telephone"[1]). Der durch seine

---

[1]) London: E. & F. N. Spon 1883. Dem Verfasser war bei Beginn der vorliegenden Arbeit dieses in Deutschland wenig verbreitete Buch von Thompson nur dem Titel nach bekannt. Er ließ es zunächst nach flüchtiger Einsicht bis zu dieser Stelle unberücksichtigt, um jede Beeinflussung bei der Würdigung der bisher angezogenen Unterlagen auszuschließen. Denn man hat Silvanus

anderen, ins Deutsche übersetzten Bücher über elektrische Maschinen wohlbekannte Physiker hat hier, im Gegensatze zu manchem seiner Landsleute ein erfreuliches Beispiel der wohlwollenden Schätzung eines deutschen Fachgenossen gegeben. Er steht in dieser Hinsicht auch nicht allein, Tyndalls Eintreten für Robert Mayer gegen die Mehrheit der englischen Physiker ist in Deutschland unvergessen geblieben. Das Buch geht vielfach über den engen Rahmen, den der Titel andeutet, hinaus und stellt auch eingehende Vergleiche an, wie sich die Versuche von Reis zu den späteren Erscheinungen verhalten, von denen hier noch nicht die Rede war. Auch allgemeine Untersuchungen sind eingeflochten. Es war aber auch aus inneren Gründen zweckmäßig, die Mitteilungen von Thompson erst zu besprechen, nachdem sich an Hand der vorher benutzten Zeugnisse schon ein festes Urteil ermöglichen ließ. Es hätte das Gewicht der früher entwickelten Gründe fast geschwächt, wenn noch weiterer und zum Teil naturgemäß weniger wirksamer Beweisstoff herangezogen wäre. Aus allen diesen Gründen war die gesonderte Besprechung des Buches von Thompson angezeigt, das im übrigen natürlich auch die meisten der schon angeführten Einzelheiten enthält.

Silvanus Thompson hat den Eindruck seines Buches einigermaßen geschwächt, indem er, wie schon der Titel andeutet, Reis als „den" Erfinder des Telephones betrachtet. Da nun Thompson keine grundsätzliche Überlegung anstellt, wie man Erfinder und Erfinderwerk von verschiedenen Standpunkten aus betrachten kann, eine Verständigung über die Urheberschaft somit erschwert ist, und da andererseits doch gleichzielende Bestrebungen nachweisbar sind, die schon Jahre zurücklagen, so könnte ein Mißgünstiger die eigentliche Absicht des Buches überhaupt für verfehlt erklären. Der große Wert des Buches liegt aber vor allem in seiner Ausführlichkeit, wir müssen dem Verfasser dafür aufrichtigen Dank zollen, dann in der Sorgfalt, mit der die bis dahin vorliegenden Quellen noch durch Befragen von Zeitgenossen vermehrt sind. Das und die warme Teilnahme für die Person des Erfinders, die

---

Thompson in dieser Frage Parteilichkeit vorgeworfen. Weitere Gründe für die nachträgliche Beachtung des Buches ergeben sich aus dem Text.

aus der ganzen Anlage und Durchführung spricht, machen das Buch auch zu einer menschlich wohltuenden Erscheinung.

Thompson leitet sein Buch ein mit einem Abrisse des kurzen Lebens von Philipp Reis, das von einem durchschlagenden Erfolge nicht gekrönt war. Die Neuheit der Arbeiten von Reis, die Kürze seiner Lebensbahn und sein leidender Zustand während der letzten Jahre erklären schon das Ausbleiben schneller Anerkennung. Thompson enthält sich auch nicht der vielfach gehörten Vorwürfe gegen die Zeitgenossen, aus nicht entschuldbarem Unverstande oder gar aus Mißwollen die Fortschritte von Reis verkümmert zu haben. Die allerdings von manchen Seiten auch später behauptete, mit Zähigkeit festgehaltene und dadurch gelegentlich auch Unbefangene verwirrende Meinung, Reis habe ein Sprechtelephon weder beabsichtigt noch ausgeführt, hatte seinen Grund teilweise in späteren umfangreichen Patentprozessen in Amerika, war zum Teil aber auch gewiß aus der noch nicht behobenen Unzuverlässigkeit der Geräte von Reis zu erklären, wie früher schon hervorgehoben. Das Kapitel des Lebenslaufes enthält manche seltener erwähnten Angaben und schließt mit einer übersichtlichen biographischen Tafel.

In die Sache selbst führt Thompson ein mit der dankenswerten Beschreibung aller ihm bekannt gewordenen Formen des Reis-Telephones. Er unterscheidet 10 Geber (transmitter) verschiedener Art von Reis und 4 Empfänger (receiver). Jene sind immer Abwandlungen der ursprünglichen Form mit Membran und Kontakteinrichtung, von den Empfängern arbeiten 3 mit dem bewickelten Stahldrahte auf Resonanzboden, der vierte ist nach Abb. 3 gebaut. Die Darstellung beschränkt sich hier auf die Beschreibung.

Wichtig ist nun das folgende Kapitel „The claim of the inventor", was hier also den Inhalt der Leistungen Reis' bedeutet. Das Kapitel ist zwar verhältnismäßig kurz (weitere Begründungen dazu folgen später), enthält aber das Wesentlichste für die Frage der Urheberschaft, in Form der Frage, ob Reis' Telephon gesprochen hat und ob es überhaupt sprechen konnte. Ganz ähnlich wie oben an Hand der bekannten deutschen Quellen geschah, macht auch Thompson schon aus den Anfangsarbeiten von Reis sehr wahrscheinlich, daß sein Ziel von vornherein das Sprechtelephon war. Entscheidend ist das ja nicht, aber für die Deutung der weiteren Entwicklung immerhin von Wert. Manche späteren Zeugnisse für die tatsächliche Sprechfähigkeit, so die von Eugen Hartmann und namentlich von Hughes, standen Thompson bei Abfassung seines Buches noch nicht zur Verfügung, sie würden ihm seine Beweisführung erheblich erleichtert haben. Auffallen muß, daß er neben den schriftlichen Bekundungen von Reis nicht auch nachdrücklich dessen öffentliche Vorführungen von 1861 und 1864 hervorhebt, bei denen doch zahlreiche urteilsfähige Sachleute zugegen waren. Stutzig könnte aber namentlich machen, daß Thompson auch nichts von den Veröffentlichungen von Clemens und namentlich von Bourseul erwähnt, denen ja von manchen deutschen Schriftstellern ein überreicher Anteil am Telephon zugeschrieben wird. Ob sie ihm entgangen waren, läßt sich nicht ersehen. Möglich aber, daß sie ihm überhaupt nicht beachtenswert erschienen sind. Der Engländer schätzt nach allem, was man hört, den Teil der Erfindungsarbeit, der die wirkliche Ausführung betrifft, viel höher ein, als der Deutsche. Bei solcher Sinnesart konnten wohl in Thompsons Augen die lediglich auf dem Papier bestehenden Vorschläge von Bourseul um so weniger Wert haben, als sie ja der Forderung, einem Sachmanne hinreichende Anweisung zu geben, bei weitem noch nicht genügten, die Frage des Empfängers ganz offen ließen und den Geber auch nur in der allgemeinen Grundlage behandelten, ohne ahnen zu lassen, welche Schwierigkeiten Reis gerade hier zu überwinden hatte. — Völlig geklärt wird allerdings Thompsons Unterlassen damit nicht, wer die noch ungereifte Erfindungsidee für das Wichtigste hält, wird von der Nichtbeachtung Bourseuls als Vorläufer unbefriedigt sein. — Selbstverständlich hat sich Thompson als praktischer Physiker nicht mit dem Sammeln von Belegen begnügt, er hat mit den meisten Ausführungsformen von Reis selbst Versuche angestellt und vollständigen Erfolg damit gehabt, wenn nur folgende Bedingungen eingehalten wurden: Die Kontakte mußten ganz rein sein und richtig eingestellt, die Membran straff, und die aufgegebene Sprache durfte nicht zu laut sein — mit anderen Worten, das Gerät mußte nach seiner Eigenart durch geübte Hand behandelt werden. Das ist für jeden, der sich in den empfindlichen Mechanismus hineingedacht hat, durchaus verständlich und erklärt leicht den Mißerfolg in unkundiger Hand.

Das vierte und umfangreichste Kapitel besteht aus einer Sammlung zeitgenössischer Äußerungen über das Reis=Telephon. Hier ist der Brief mit aufgenommen, den Reis im Juli 1863 an Ladd schrieb (mit der Handskizze Abb. 2), ebenso die Anweisung von Reis über die Behandlung seines Gerätes, das der Mechaniker M. Albert in Frankfurt a. M. herstellte. Eine Ergänzung dazu bildet im folgenden Kapitel die Wiedergabe von 9 Briefen, die Thompson auf Anfragen erhielt. Unter den Schreibern befinden sich u. a. Quincke und Bohn. Beide waren auf der Naturforscherversammlung in Gießen 1864 zugegen gewesen. Während jener die Telephonsprache glatt verstanden hatte, war der zweite weniger befriedigt gewesen. Bohn, Professor an der Forstakademie Aschaffenburg und Verfasser eines trefflichen Handbuches der Physik („Ergebnisse Physikalischer Forschung", Leipzig 1878) war überhaupt ein Zweifler am Telephon, was ihm gewiß nicht verdacht werden soll. Er äußerte sich noch 1878 in seinem Buche wenig hoffnungsvoll über den Wert des Bell=Telephones. Auch die „ausschweifenden Einbildungen" über das Mikrophon wollte er nicht teilen, hoffte aber auf Verbesserungen. — Viel bestimmter und zustimmend äußerten sich wieder frühere Schüler von Reis und gaben auch manche technische Einzelheiten. So wird erwähnt, daß die „Stricknadel" immer der beste Empfänger gewesen sei, wiewohl sich Reis viel Mühe mit dem „Elektromagneten" (Abb. 3) gegeben habe. Der früher schon erwähnte Mechaniker Yeates in Dublin gibt eine, allerdings nicht recht klare Beschreibung seines Gebers aus 1865 und erwähnt auch leider nicht, ob er die guten Ergebnisse damit unter Anwendung von angesäuertem Wasser erhalten habe.

In dem Anhange des Buches von Thompson sind endlich vier wertvolle Abschnitte enthalten, die sich ausführlich und ver=

gleichend mit der Kontaktbildung an dem Geber von Reis und seiner Nachfolger befassen, eingehend die Widerstandsänderungen bei unvollkommenen Kontakten besprechen, und mit dem Nachweise der Verwandtschaft des Reis- und des Bell-Telephones enden. Diese Untersuchungen haben ihren Wert auch über den nächsten Zweck hinaus. Reis war ja gewiß mit der einfachen Vorstellung vom periodischen wirklichen Unterbrechen und Schließen des Stromkreises an seine Arbeit gegangen, wie es auch Bourseul angegeben hatte, und wurde erst allmählich auf die Notwendigkeit hingelenkt, den vollen Kontakt nur mikroskopisch wenig zu lüften und herzustellen, ihn auch in übertragenem Sinne elastisch zu machen, wie Thompson sagt. Bei diesem hat man nur den Eindruck, als wenn Reis gleich mit der zutreffenden Vorstellung begonnen hätte. Das ist aber ohne Bedeutung, wesentlich bleibt, daß er bald das richtige Ziel sah. Oben (S. 38) haben wir eine brauchbare Anschauung durch Annahme eines Flüssigkeitskontaktes zu gewinnen gesucht, für Reis bestand die Aufgabe darin, mit gut leitendem Metall dasselbe zu erzielen. Darauf hauptsächlich bezieht sich Thompsons Untersuchung, die durch zahlreiche schematische Darstellungen unterstützt wird. Die Kohlekontakte dienen demselben Zwecke durch Druckänderungen zwischen schlechteren Leitern. Wie aber schon angedeutet, ist das Ziel von Thompson die Ähnlichkeit zwischen Reis und Bell. Es ist deshalb angezeigt, weitere Betrachtungen über die Kontaktbildung erst wieder aufzunehmen, wenn das Bell-Telephon zu näherer Besprechung gelangt.

Die eingehenden Untersuchungen in dem Buche von S. Thompson legten die selbständige Besprechung an dieser Stelle nahe. Es wird noch mehrfach darauf zurückzukommen sein. Mit Rücksicht auf unsere bisherigen Betrachtungen muß aber hervorgehoben werden, daß ihre Schlüsse in keinem wesentlichen Punkte im Widerspruche zu der Auffassung von Thompson stehen. Die vereinzelten Abweichungen in den Meinungen erklären sich wohl nur durch den Mangel an bestimmter Unterscheidung in den Erfindungsstufen bei Thompson.

Von Reis zu Gray und Bell.

Reis hat nur wenige Jahre für sein Telephon wirken können, und eine allgemeinere Beachtung seiner Schöpfung blieb ihm versagt. Die Spur seiner Erdentage ist aber nicht vergangen, ihre Ergebnisse wurden zu wichtigen Gliedern in der Entwicklung und wirkten befruchtend auf die Bestrebungen anderer, die auf einem allmählich schon empfänglicher gewordenen Boden standen. Der allgemeine Aufstieg der Elektrotechnik in den 70er Jahren ließ nun auch das Telephon schnell zur Reife kommen und zu einem gewerblich verwendbaren Gerät werden.

Als Wahrzeichen für die Belebung des gesamten gewerblichen Lebens in Deutschland, die nach den Erschütterungen des Jahres 1866 einsetzte, möchte man die in dieses Jahr fallende Erfindung der dynamoelektrischen Maschine durch Werner Siemens ansehen, so gering auch in den nächsten Jahren noch ihre praktische Bedeutung blieb. Mit ihrer ersten Verwendungsart, dem Einzelbogenlichte, gab sie aber schon einen Blick in die Zukunft und weckte auch in weiteren Kreisen die Teilnahme an elektrischen Erscheinungen. Andererseits drängte die Zunahme des Verkehrs auf den weiteren Ausbau des Telegraphenwesens, und nicht nur auf Vermehrung der Linien, sondern auch auf gesteigerte Ausnutzung der vorhandenen. Die Zeigertelegraphen verschwanden fast ganz aus dem Verkehr, nur ein solcher für Induktionsströme von Werner Siemens hielt sich noch wegen seiner großen Einfachheit und steten Betriebsbereitschaft mehrere Jahrzehnte an bayerischen Bahnen. Für lange Linien war der eben eingeführte Typendrucker von Hughes bestimmt, den Hauptdienst versah der allmählich sehr vervollkommnete Morsetelegraph. Trotz seiner grundsätzlichen Einfachheit verlangte die Handhabung aber einen geschulten Beamten, und die ganze Einrichtung war immerhin kostspielig. Naturgemäß mußte sich unter diesen Umständen der Wunsch nach einem von jedermann zu bedienenden, billigen Telegraphen regen, der als wirtschaftliche Ergänzung von Nebenlinien dienen konnte. Diesem meist ganz unbewußten Verlangen verdankte wohl auch der eben erwähnte Induktions-Zeigertelegraph seine

Entstehung und lange Benutzung. Aus dem Entwicklungsbilde, wie es jetzt vorliegt, läßt sich ablesen, wie der Bedarf nach einem einfachen Fernmelder zunahm und den Erfolg des gewerblich brauchbaren Telephones vorbereitete. — Hier darf vielleicht auch eines kleinen und eigentlich ziemlich mißachteten Zweiges der Elektrotechnik gedacht werden, des Haustelegraphen, der gleichwohl dazu beigetragen hat, das Verständnis für die elektrische Zeichenübermittlung in kleinsten Verhältnissen zu fördern. Infolge seiner leichten Zugänglichkeit ist dieser Zweig leider zum großen Teile in unberufene Hände geraten. Bemerkenswert dabei ist übrigens der Kampf gewesen, den der elektrische Haustelegraph vor seiner allgemeinen Annahme trotz handgreiflichster Vorzüge mit dem ungleich schwerfälligeren und viel weniger schmiegsamen pneumatischen Telegraphen zu bestehen hatte. Der Streit um den Elektromotor im Gegensatze zu anderen Übertragungsmitteln im Anfange der 90er Jahre war davon ein Abbild im großen.

Die steigende Ausbreitung der technischen Elektrizität im öffentlichen Leben förderte auch das Bekanntwerden der wissenschaftlichen Mittel, mit denen die Erscheinungen genau zu verstehen und zweckdienlich zu leiten sind. Von der größten Errungenschaft der Erkenntnis, die in diesen Jahren zu lebendiger Wirkung kam, dem Energiegesetze, hat der Schwachstrom, unähnlich dem Starkstrome, keinen unmittelbaren Nutzen gehabt. Man wird in dem vorliegenden Zusammenhange um so mehr an die in diese Jahre fallenden Fortschritte der Akustik denken, die, wie man zu glauben geneigt sein möchte, wesentliche Hilfe bei der Schaffung des Telephones hätten bieten können. Die wirkliche Entwicklung hat aber ihre eigenen Wege genommen. Die Grundanschauung von der Zusammensetzung aller Laute aus einfachen Tönen war Reis bekannt, wie aus seinem Vortrage von 1861 hervorgeht, und er ist dann ohne Furcht vor größeren Schwierigkeiten in dieser Richtung an die Ausführung seines Gedankens gegangen. Helmholtz' Vorlesung „Über die physiologischen Ursachen der musikalischen Harmonie" wurde zwar schon 1857 gehalten, aber erst 1873 durch den Druck bekannt gegeben, seine „Lehre von den Tonempfindungen" erschien zuerst 1863, als Reis schon alles Wesentliche seines Gedankenganges niedergelegt hatte. Erst viel später haben sich bei den schärferen Anforderungen an klanggetreue Wiedergabe die feineren physikalisch-physiologischen Untersuchungen nötig gemacht, die in der Zwischenzeit bekannt geworden waren. — Auch von neueren damaligen Erkenntnissen auf dem elektrischen Gebiete läßt sich keine unmittelbare Förderung des Telephones nachweisen. Es sind aber schon bei der Fortbildung des Bell-Telephones Spuren von der sich damals durchsetzenden neuen fruchtbaren Anschauung vom magnetischen Kreise erkennbar. — Als nicht geringfügig für das Verständnis der telephonischen Erscheinungen wird man wohl auch die steigende Vertrautheit mit den elektrischen Wellenströmen ansehen dürfen, die Physiker und Techniker aus den Beobachtungen an mechanischen Stromerzeugern gewannen. Die aufmerksamere Betrachtung dieser Maschinen ging den Pionierarbeiten für das Telephon parallel.

So wenig Erfolg die Erfindung von Reis in der Öffentlichkeit auch hatte, so lenkten doch die von Reis in beschränkter Zahl versandten Stücke die Aufmerksamkeit einer Anzahl von Sachleuten auf das neue Gerät, und so begannen bald an anderen Stellen Versuche, die entweder nur der näheren Kenntnisnahme dienten oder die Fortbildung des Telephones bezweckten. Einige Beispiele werden dies bekräftigen. So befaßte sich der schon oben erwähnte Mechaniker Yeates in Dublin im Zusammenhange mit Ladd in London offenbar sehr eifrig und geschickt mit dem Gerät von Reis. Er baute einen gut arbeitenden Empfänger nach Art der Abb. 3 und benutzte an der Gebestelle mit Erfolg eine Widerstandstrecke mit flüssigem Leiter. Er führte 1865 das verbesserte Telephon der Dubliner Philosophischen Gesellschaft vor. Als ein weiterer Ausländer, den die Versuche von Reis lebhaft fesselten, kann der Amerikaner P. H. van der Weyde genannt werden[1]), der 1868 und 1869 auf Grund einer Beschreibung zwei Reis-Telephone anfertigen ließ und vor dem Polytechnischen Klub des American Institute erläuterte. Noch manche andere Namen werden ebenfalls als Zeugen in den Zeitschriften angeführt. Darauf hier näher einzugehen, würde das Bild der Sachlage nicht ändern,

---

[1]) Scient. Am., 4. März 1876.

zudem werden diese Verhältnisse in anderem Zusammenhange nochmals Erwähnung finden. Einigermaßen erschwert wird übrigens oft das Verständnis der Mitteilungen aus dieser Zeit durch den schwankenden Gebrauch des Wortes „Telephon". Während die einen darunter nur das zum Übermitteln aller Laute, also auch der menschlichen Stimme, befähigte Gerät verstehen — so wird das Wort auch hier immer verwendet —, geben ihm andere eine ausgedehntere Bedeutung und lassen es auch die im Kerne wohl verwandten, aber doch wieder ganz abweichend durchgeführten Einrichtungen umfassen, die der, kurz so zu bezeichnenden, akustischen Telegraphie dienen.

Die Bemühungen um diese Telegraphierweise, die meist in die erste Hälfte der 70er Jahre fallen, waren von dem Bedürfnis nach wirtschaftlicherer Ausnutzung der Linien angeregt und bezweckten, auf einer Leitung eine Anzahl verschiedener Telegramme gesondert an ebenso viele Aufnahmestellen zu leiten. U. a. hatten Laborde, Darley und auch, wie hier gleich zu bemerken ist, die bald danach aufs engste mit der Telephonie verbundenen Bell und Gray sich auf dem Gebiete versucht, am nachhaltigsten und am vielseitigsten wohl Paul La Cour in Kopenhagen. Die Grundlage seiner Ideen und mancherlei Anwendungen hat er in seiner Druckschrift „La roue phonique"[1]) behandelt und eine kurze Beschreibung seines Mehrfachtelegraphen später in seinem Buche „Die Physik"[2]), Bd. 2, S. 447, gegeben. Mehrere Stimmgabeln der bekannten Art mit Selbstunterbrechung des erregenden Stromes senden gleichzeitig Stromstöße ihrer Frequenz in dieselbe Leitung. An der Empfangstelle wirken die Stromwellen elektromagnetisch auf federnd gelagerte Körper und bringen sie zum Schwingen, wenn sie auf dieselbe Schwingungsdauer abgestimmt sind wie die Stimmgabeln an der Gebestelle. Durch eine Klaviatur können diese Gabeln nach Belieben einzeln oder mit anderen zusammen erregt werden, an der Empfangstelle wird dann durch die synchron schwingenden Körper eine Analyse der zusammengesetzten Stromkurven eintreten. In der einfachsten Aus-

---

[1]) Kopenhagen: A. F. Höst & Sohn 1878.
[2]) Zusammen mit J. Appel. Braunschweig: Fr. Vieweg & Sohn 1905.

führung können die so ermittelten Einzeltöne als Striche und Punkte nach Morse von den Empfangenden mit dem Gehör aufgenommen werden. Nach Angabe von La Cour konnten auf diese Weise 12 Töne derselben Oktave unabhängig voneinander übertragen werden. Zum Übermitteln zusammengesetzter Klänge oder der menschlichen Stimme eignet sich aber dieser „Phonotelegraph" nicht, ebensowenig andere, auf derselben Grundlage beruhende „harmonische Telegraphen"[1]), wie auch der Urheber bestätigt. Jeder der Empfänger soll ja auch nur möglichst den einen Ton wiedergeben, während der Empfänger des Telephones auf alle Laute ansprechen soll. Das Schema der elektromagnetischen Einrichtung dazu ist in beiden Fällen dasselbe, es kommt nur auf ihre besondere Ausbildung an, ob sie dem einen oder anderen Zwecke zu dienen vermag. S. Thompson hat in seinem Buche bei der Beurteilung des Bell-Telephones diese Verwandtschaft besprochen, aber nur die tatsächlichen Verhältnisse gegenübergestellt, ohne eigentliche Begründung. Es ist deshalb angezeigt, sich die Mechanik der elektromagnetischen Anordnung in einfachster Form zu veranschaulichen.

Ein von Wellenströmen erregter Elektromagnet mit federndem Anker wird unter bestimmten Bedingungen nur auf eine gewisse Frequenz ansprechen, wenn nämlich die Eigenfrequenz mit der aufgedrückten Frequenz übereinstimmt. Denn andernfalls treten in mehr oder minder hohem Grade Hemmungen zwischen Antrieb und Rückstellkraft auf. Dann erfährt der Anker bei nicht passender Frequenz nur ein leises Erzittern. Bedingung für dieses auswählende Ansprechen, wie es in der früher erwähnten „harmonischen Mehrfachtelegraphie" benutzt wird, ist bei gegebener Masse (oder Trägheitsmoment) des Ankers eine bestimmte Rückstellkraft und geringe Dämpfung. Versinnlicht sei ein solches System durch eine der empfangenden Stimmgabeln nach La Cour, Varley u. a. Dadurch verbindet sich mit dem System gleich die Vorstellung einer verhältnismäßig großen Masse. Könnte man diese verringern, ohne an den sonstigen Verhältnissen etwas zu

---

[1]) Siehe auch Prescott S. 151 ff. und Kingsbury: The telephone. London 1915.

ändern, und würde gleichzeitig die Dämpfung wachsen, so näherte man sich, da die Antriebe durch den Wellenstrom immer wirkend bleiben, mehr und mehr einem Systeme, dessen Anker allen Strömen jeder Frequenz und jeder Form folgt, er wird schließlich ganz aperiodisch. Das trifft mit großer Annäherung zu bei guten Telephonen mit Metallmembran. Umgekehrt: Verbindet man bei einem Telephon die Membran mit einer größeren Masse, so nähert man sich dem Zustande, der in der „harmonischen Telegraphie" gebraucht wird, hebt aber das Sprechvermögen des Telephones auf. Bei der Wahl der Eisenmembran, deren Dicke bei jetzigen Empfängern etwa 0,2 mm beträgt, spielen natürlich auch die magnetischen Verhältnisse eine Rolle.

Jedenfalls gehen die beiden Fälle ineinander über, und wer den einen tiefer ergründet, wird auch auf den anderen aufmerksam werden. Es hat deshalb nichts Auffallendes, daß die beiden ersten Urheber der nun folgenden entscheidenden Entwicklung des Telephones ihre Anregungen durch ihre vorherige Befassung mit dem „Phonotelegraphen" erhalten haben.

Bell und Gray.

Der neue Anstoß konnte in dem nun schon mehr vorbereiteten Boden leichter Wurzel fassen. Er ging von Amerika aus und zwar in doppelter Form. Am 14. Februar 1876 meldeten nämlich unabhängig voneinander Elisha Gray aus Chikago und Alexander Graham Bell aus Salem, Massachusetts, in Washington Patente auf Telephone an, wie es heißt mit nur 2 Stunden Zeitunterschied. Ihrer historischen Wichtigkeit wegen sind die beiden Anmeldungen nachfolgend wörtlich wiedergegeben. Die Anmeldung von E. Gray hatte die für amerikanische Bürger zulässige Form des „Caveat", die ungefähr der englischen „Provisional Specification" entspricht, und lautete:

Gray's Specification, filed February 14, 1876 (dazu Abb. 6).

To all whom it may concern: Be it known that I, Elisha Gray, of Chicago, in the county of Cook, and State of Illinois, have invented a new art of transmitting vocal sounds telegraphically, of which the following is a specification:

It is the object of my invention to transmit the tones of the human voice through a telegraphic circuit, and reproduce them at the receiving end of the line, so that actual conversations can be carried on by persons at long distances apart.

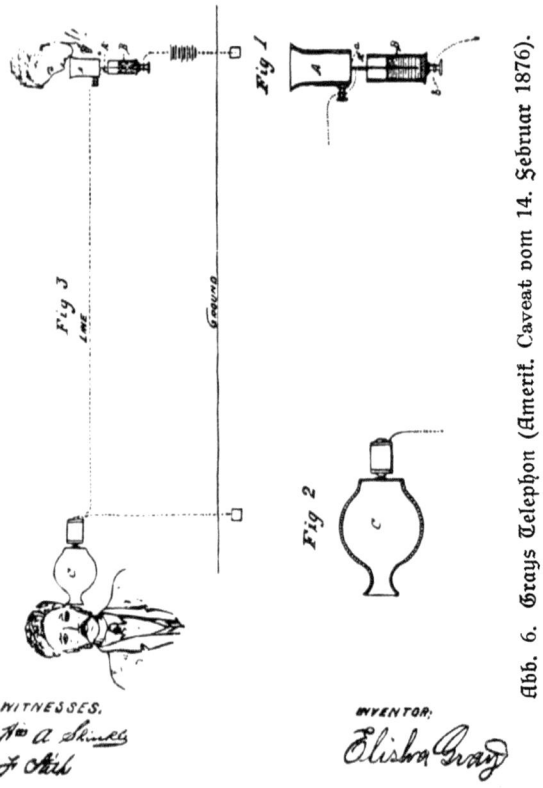

Abb. 6. Grays Telephon (Amerik. Caveat vom 14. Februar 1876).

I have invented and patented methods of transmitting musical impressions or sounds telegraphically, and my present invention is based upon a modification of the principle of said invention, which is set forth and described in letters patent of the United States, granted to me July 27th, 1875, respectively numbered 166095 and 166096, and also in an application for letters patent of the United States, filed by me, February 23, 1875.

To attain the objects of my invention, I devised an instrument capable of vibrating responsively to all the tones of the human voice, and by which they are rendered audible.

In the accompanying drawings I have shown an apparatus embodying my improvements in the best way now known to me, but I contemplate various other applications, and also changes in the details of construction of the apparatus, some of which would obviously suggest themselves to a skilful electrician, or a person versed in the science of acoustics, on seeing this application. (Siehe Abb. 6.)

Fig. 1 represents a vertical central section through the transmitting instrument;

Fig. 2, a similar section through the receiver; and

Fig. 3, a diagram representing the whole apparatus.

My present belief is that the most effective method of providing an apparatus capable of responding to the various tones of the human voice, is a tympanum, drum or diaphragm, stretched across one end of the chamber, carrying an apparatus for producing fluctuations in the potential of the electric current, and consequently varying in its power.

In the drawings, the person transmitting sounds is shown as talking into a box, or chamber, A, across the outer end of which is stretched a diaphragm a, of some thin substance, such as parchment or gold beaters'-skin, capable of responding to all the vibrations of the human voice, whether simple or complex. Attached to this diaphragm is a light metal rod, A', or other suitable conductor of electricity, which extends into a vessel B, made of glass or other insulating material, having its lower end closed by a plug, which may be of metal, or through which passes a conductor b, forming part of the circuit.

The vessel is filled with some liquid possessing high resistance, such, for instance, as water, so that the vibrations of the plunger or rod A', which does not quite touch the conductor b, will cause variations in resistance, and, consequently, in the potential of the current passing through the rod A'.

Owing to this construction, the resistance varies constantly in response to the vibrations of the diaphragm, which, although irregular, not only in their amplitude, but in rapidity, are nevertheless transmitted, and can, consequently, be transmitted through a single rod, which could not be done with a positive make and break of the circuit employed, or where contact points are used.

I contemplate, however, the use of a series of diaphragms in a common vocalizing chamber, each diaphragm carrying an independent rod, and responding to a vibration of different rapidity and intensity, in which case contact points mounted on other diaphragms may be employed.

The vibrations thus imparted are transmitted through an electric circuit to the receiving station, in which circuit is included an electro-magnet of ordinary construction, acting upon a diaphragm to which is attached a piece of soft iron, and which diaphragm is stretched across a receiving vocalizing chamber c, somewhat similar to the corresponding vocalizing chamber A.

The diaphragm at the receiving end of the line is thus thrown into vibrations corresponding with those at the transmitting end, and audible sounds or words are produced.

The obvious practical application of my improvement will be to enable persons at a distance to converse with each other through a telegraphic circuit, just as they now do in each other's presence, or through a speaking tube.

I claim as my invention the art of transmitting vocal sounds or conversations telegraphically through an electric circuit.

Although it is not my intention, as I said in the beginning to raise the question of priority of invention as between myself and other parties, I will nevertheless state in this connection, that so far as I am aware, this is the first description on record, of an articulating telephone which transmits the spoken words of the human voice telegraphically by means of electricity[1]).

Elisha Gray hatte sich schon seit längerer Zeit mit der „elektroharmonischen" Telegraphie befaßt, praktisch tätig in der Telegraphie war er seit 1865. Von der Entwicklung seiner Arbeiten gibt Prescott[2]) eine anziehende Schilderung, aus der aber nicht zu entnehmen ist, welchen besonderen Anlaß Gray zum Wechsel seines Zieles hatte. Jedenfalls ging er durch lange Versuche sehr gut vorbereitet an seine Aufgabe. Die Anregung dazu mag ihm unbewußt unter seinem Arbeiten aus der allgemeinen Stimmung gekommen sein. Die Darstellung der Patentanmeldung ist kurz und klar.

Ersichtlich hat das Gray=Telephon, das schon 1874 erfunden wurde, im ganzen dieselbe Grundlage wie das von Reis. Die Schallwellen werden nur benutzt zum periodischen Regeln eines Stromkreises durch Widerstandsänderung, zum Übertragen dient die im Stromkreise wirksame Energie einer galvanischen Batterie, wie bei allen heutigen Telephonen. Der Geber gleicht vollständig dem von Reis mit der Sondervorrichtung von Yeates. In dem Empfänger dagegen, von dem man sich den Resonator als nicht grundsätzlich nötig entfernt denken mag, verwirklicht Gray die Form, an der Reis und andere sonderbarerweise vorbeigegangen waren, die für die Leistungssteigerung der ganzen Anlage von erheblicher Bedeutung ist und bis heute ihren Wert behalten hat. Grays

---

[1]) Deutlichere Abbildungen siehe Prescott S. 216.
[2]) Prescott S. 151 ff.

Patentanmeldung stellte also gewiß eine Verbesserung in Aussicht. Welche praktischen Ergebnisse der Erfinder damit erzielt hat, ist nicht näher zu ersehen. Daß die neue Form wirksam gemacht werden konnte, unterlag nach dem Vorgange von Reis und Yeates keinem Zweifel. Allgemein brauchbar war auch dieses Telephon aber noch nicht, mit dem Flüssigkeitswiderstande und der mutmaßlich empfindlichen Einstellung der Elektroden blieb es ein Gerät nur für kundige Hand. — Damit ist die Stellung von Grays Arbeit, soweit sie in der Patentanmeldung niedergelegt ist, in dem Entwicklungsgange deutlich gekennzeichnet.

Wer in den letzten 15 Jahren vor Grays Patentanmeldung auf dem Gebiete der Sprachübertragung gearbeitet hat, wird auch das Wesentlichste von Reis' Versuchen gekannt haben. Er hätte sich sonst der Kenntnisnahme geradezu verschließen müssen. S. Thompson gibt in seinem Buche auf S. 180 eine Liste von 11 Druckschriften, die für die Offenkundigkeit des Reis-Telephones in den Jahren 1860—65 zeugen. Der Vortrag von Reis in Gießen 1864 hat ferner einem großen Kreise von Gelehrten öffentlich Kenntnis von dem neuen akustischen Gerät gegeben. In Amerika war für die Bekanntgabe besonders der Physiker van der Weyde bemüht, der 1868 und 1869 das Reis-Telephon öffentlich ausstellte und in Vorträgen erläuterte[1]. Für den Fachmann bedarf es weiterer Bekundungen nicht. Das Telephon von Reis war zur Zeit der Patentanmeldung von Gray als schlechthin bekannt anzusehen, soweit nicht die oben ausdrücklich als solche gekennzeichneten Neuerungen von Gray in Frage kamen.

Denkbar wäre ja wohl gewesen, daß Gray nach seiner Vorstellung das Werk von Reis nicht fortgesetzt, sondern von Grund aus geschaffen hätte. Das würde aber keine Bedeutung haben für die Einschätzung von Grays Verdiensten. Denn dafür, um schon Gesagtes zu wiederholen, kommt nur das in Betracht, was Gray über das schon Bekannte hinaus hinzugab, gleichgültig, ob er sich der Grenzen seiner Leistung bewußt war oder nicht. Nur das, was er hätte wissen können, kommt in Frage, nicht, wieweit seine Kenntnis tatsächlich ging. Anders, wenn es darauf ankäme,

---

[1] Scient. Am. Bd. 54, S. 335. 1886.

ein Bild einer wiſſenſchaftlich=ſchöpferiſchen Perſönlichkeit zu ge=
winnen, dann wäre die Frage, wieviel in dieſem Falle Gray,
ohne Rückſicht auf Vorarbeiten anderer, aus eigener Kraft zu
erzeugen im Stande war. Aber auch eine praktiſche Bedeutung
kann eine ſolche, zunächſt rein geiſtige Frage bekommen, wenn
nämlich, wie nach dem amerikaniſchen Patentgeſetze, der ſogenannte
Erfindereid zu leiſten ſei, daß der Anmelder eines Patentes der
wirkliche Erfinder zu ſein glaube. Das hat ja auch in der Tat bei
den großen Patentprozeſſen, die in Amerika durch das Telephon
ausgelöſt wurden, zur Verhandlung geſtanden.

Ehe nun von den folgenden Arbeiten von Gray geſprochen
wird, ſoll auch das Patent von Bell von demſelben Tage (14. Fe=
bruar 1876) wörtlich vorgeführt werden. Es treten ſo die Unter=
ſchiede und das Gemeinſame am beſten hervor. Eigentlich hätte
das Bell=Patent ſogar ſeinen Platz vor dem Gray=Patente
finden müſſen, da es 2 Stunden früher im Patentamte zu Waſh=
ington anlangte. Wegen der engeren Verwandtſchaft mit dem
Telephon von Reis wurde hier aber die Form von Gray zuerſt
gebracht.

Alexander Graham Bell, of Salem, Massachusetts.
Improvement in Telegraphy.
Specification forming part of Letters Patent No. 174465, dated March 7,
1876; application filed February 14, 1876.
(Dazu Abb. 7 u. 8.)

To all whom it may concern:
Be it known that I, Alexander Graham Bell, of Salem, Massachusetts,
have invented certain new and useful improvements in telegraphy, of
which the following is a specification:

In letters patent granted to me April 6, 1875, No. 161739, I have
described a method of, and apparatus for, transmitting two or more telegraphic signals simultaneously along a single wire by the employment of
electrical impulses differing in rate from the others; and of receiving instruments, each tuned to a pitch at which it will be put in vibration to produce
its fundamental note by one only of the transmitting instruments; and
of vibratory circuit-breakers operating to convert the vibratory movement
of the receiving instrument into a permanent make or break (as the case
may be) of a local circuit, in which is placed a Morse sounder, register, or
other telegraphic apparatus. I have also therein described a form of auto-
graph-telegraph based upon the action of the above mentioned instruments.

In illustration of my method of multiple telegraphy I have shown in
the patent aforesaid, as one form of transmitting instrument, an electro-

magnet having a steel spring armature, which is kept in vibration by the action of a local battery. This armature in vibrating makes and breaks the main circuit, producing an intermittent current upon the line wire. I have found, however, that upon this plan the limit to the number of signals that can be sent simultaneously over the same wire is very speedily reached; for, when a number of transmitting instruments, having different rates of vibration, are simultaneously making and breaking the same circuit, the effect upon the main line is practically equivalent to one continuous current.

In a pending application for letters patent, filed in the United States Patent Office February 25, 1875, I have described two ways of producing the intermittent current — the one by actual make and break of contact, the other by alternately increasing and diminishing the intensity of the current without actually breaking the circuit. The current produced by the latter method I shall term, for distinction sake, a "pulsatory current".

My present invention consists in the employment of a vibratory or undulatory current of electricity, in contradistinction to a merely intermittent or pulsatory current, and of a method of, and apparatus for, producing electrical undulations upon the line wire.

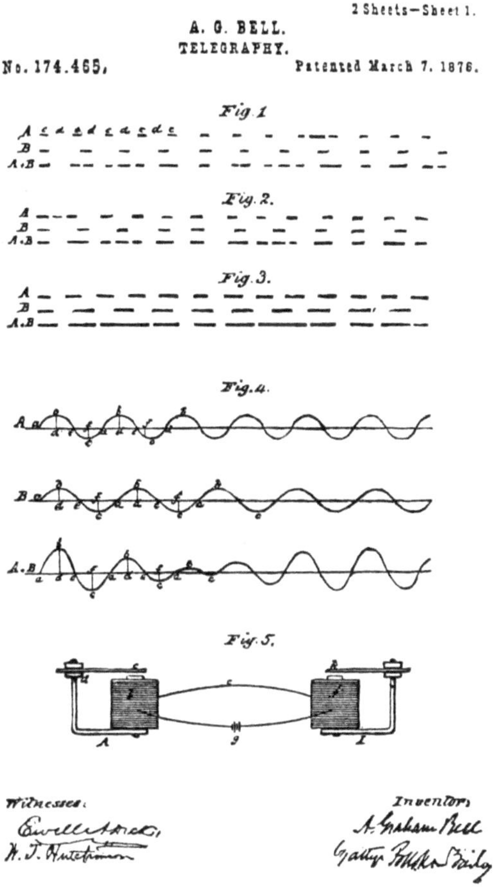

Abb. 7. Bells Telephon vom 14. Februar 1876. (Amerik. Patentschrift vom 7. März 1876.)

The distinction between an undulatory and a pulsatory current will be understood by considering that electrical pulsations are caused by sudden or instantaneous changes of intensity, and that electrical undulations result from gradual changes of intensity exactly analogous to the changes in the density of air occasioned by simple pendulous vibrations. The electrical movement, like the aerial motion, can be represented by a sinusoidal curve or by the resultant of several sinusoidal curves.

Intermittent or pulsatory and undulatory currents may be of two kinds, accordingly as the successive impulses have all the same polarity or are alternately positive and negative.

The advantages I claim to derive from the use of an undulatory current in place of a merely intermittent one are, first, that a very much larger number of signals can be transmitted simultaneously on the same circuit; second, that a closed circuit and single main battery may be used; third, that communication in both directions is established without the necessity of special induction coils; fourth, that cable dispatches may be transmitted more rapidly than by means of an intermittent current or by the methods at present in use; for, as it is unnecessary to discharge the cable before a new signal can be made, the lagging of cable signals is prevented; fifth, and that as the circuit is never broken, a sprak-arrester becomes unnecessary.

It has long been known that when a permanent magnet is caused to approach the pole of an electro-magnet a current of electricity is induced in the coils of the latter, and that when it is made to recede a current of opposite polarity to the first appears upon the wire. When, therefore, a permanent magnet is caused to vibrate in front of the pole of an electromagnet an undulatory current of electricity is induced in the coils of the electro-magnet, the undulations of which correspond, in rapidity of succession, to the vibrations of the magnet, in polarity to the direction of its motion, and in intensity to the amplitude of its vibration.

That the difference between an undulatory and an intermittent current may be more clearly understood, I shall describe the condition of the electrical current when the attempt is made to transmit two musical notes simultaneously — first upon the one plan and then upon the other. Let the interval between the two sounds be a major third; then their rates of vibration are in the ratio of 4 to 5. Now, when the intermittent current is used, the circuit is made and broken four times by one transmitting instrument in the same time that five makes and breaks are caused by by the other. A and B, figs. 1, 2 and 3 (siehe Abb. 7), represent the intermittent currents produced, four impulses of B being made in the same time as the five impulses of A. ccc, etc., show where and for how long the circuit is made, and ddd, etc., indicate the duration of the breaks of the circuit. The line A and B shows the total effect upon the current when the transmitting instruments for A and B are caused simultaneously to make and break the same circuit. The resultant effect depends very much upon the duration of the make relatively to the break. In fig. 1 the ratio is as 1 to 4; in fig. 2, as 1 to 2; and in fig. 3 the makes and breaks are of equal duration. The combined effect, A and B, fig. 3, is very nearly equivalent to a continuous current.

When many transmitting instruments of different rates of vibration are simultaneously making and breaking the same circuit, the current upon the main lines becomes for all practical purposes continuous.

Next, consider the effect when an undulatory current is employed. Electrical undulations, induced by the vibration of a body capable of inductive action, can be represented graphically, without error, by the same sinusoidal curve which expresses the vibration of the inducing body itself, and the effect of its vibration upon the air; for, as above stated, the rate of oscillation in the electrical current correspondends to the rate of vibration of the inducing body — that is, to the pitch of the sound produced. The intensity of the current varies with the amplitude of the vibration — that is, with the loudness of the sound; and the polarity of the current corresponds to the direction of the vibrating body — that is, to the condensations and rarefactions of air produced by the vibration. Hence, the sinusoidal curve A or B, fig. 4, represents, graphically, the electrical undulations induced in a circuit by the vibration of a body capable of inductive action.

The horizontal line $adef$, etc., represents the zero of current. The elevation bbb, etc., indicates impulses or positive electricity. The depressions ccc, etc., show impulses of negative electricity. The vertical distance bd or cf of any portion of the curve from the zero line expresses the intensity of the positive or negative impulse at the part observed, and the horizontal distance aa indicates the duration of the electrical oscillation. The vibrations represented by the sinusoidal curves B und A, fig. 4, are in the ratio aforesaid, of 4 to 5 — that is, four oscillations of B are made in the same time as five oscillations of A.

The combined effect of A and B, when induced simultaneously on the same circuit, is expressed by the curve $A + B$, fig. 4, which is the algebraical sum of the sinusoidal curves A and B. This curve $A + B$ also indicates the actual motion of the air when the two musical notes considered are sounded simultaneously. Thus, when electrical undulations of different rates are simultaneously induced in the same circuit, an effect is produced analogous to that occasioned in the air by the vibration of the inducing bodies. Hence, the coexistence upon a telegraphic circuit of electrical vibrations of different pitch is manifested, not by the obliteration of the vibratory character of the current, but by peculiarities in the shapes of the electrical undulations, or, in the other words, by pecularities in the shapes of the curves which represent those undulations.

There are many ways of producing undulatory currents of electricity, dependent for effect upon the vibrations or motions of bodies capable of inductive action. A few of the methods that may be employed I shall here specify. When a wire, through which a continuous current of electricity is passing, is caused to vibrate in the neighborhood of another wire, an undulatory current of electricity is induced in the latter. When a cylinder, upon which are arranged bar magnets, is made to rotate in front of the pole of an electro-magnet, an undulatory current of electricity is induced in the coils of the electro-magnet.

Undulations are caused in a continuous voltaic current by the vibration or motion of bodies capable of inductive action; or by the vibration of the conducting wire itself in the neighborhood of such bodies. Electrical undulations may also be caused by alternately increasing and diminishing the resistance of the circuit, or by alternately increasing and diminishing the power of the battery. The internal résistance of a battery is diminished by bringing the voltaic elements nearer together, and increased by placing them farther apart. The reciprocal vibration of the elements of a battery, therefore, occasions an undulatory action in the voltaic current. The external resistance may also be varied. For instance, let mercury or some other liquid form part of a voltaic circuit, then the more deeply the conducting wire is immersed in the mercury or other liquid, the less resistance does the liquid offer to the passage of the current. Hence, the vibration of the conducting wire in mercury or other liquid included in the circuit occasions undulations in the current. The vertical vibrations of the elements of a battery in the liquid in which they are immersed produces an undulatory action in the current by alternately increasing and diminishing the power of the battery.

In illustration of the method of creating electrical undulations, I shall show and describe one form of apparatus for producing the effect. I prefer to employ for this purpose an electro-magnet A, fig. 5, having a coil upon only one of its legs b. A steel spring armature c is firmly clamped by one extremity to the uncovered leg d of the magnet, and its free end is allowed to project above the pole of the covered leg. The armature c can be set in vibration in a variety of ways, one of which is by wind, and, in vibrating, it produces a musical note of a certain definite pitch.

When the instrument A is placed in a voltaic circuit, $g\,b\,e\,f\,g$, the armature c becomes magnetic, and the polarity of its free end is opposed to that of the magnet underneath. So long as the armature c remains at rest no effect is produced upon the voltaic current, but the moment it is set in vibration to produce its musical note a powerful inductive action takes place, and electrical undulations traverse the circuit $g\,b\,e\,f\,g$. The vibratory current passing through the coil of the electro-magnet f causes vibration in its armature h, when the armatures $c\,h$ of the two instruments $A\,I$ are normally in unison with one another; but the armature h is unaffected by the passage of the undulatory current when the pitches of the two instruments are different.

A number of instruments may be placed upon a telegraphic circuit, as in fig. 6. When the armature of any one of the instruments is set in vibration, all the other instruments upon the circuit which are in unison with it respond, but those which have normally a different rate of vibration remain silent. Thus, if A, fig. 6, is set in vibration, the armatures of A^1 and A^2 will vibrate also, but all the others on the circuit will remain still. So if B^1 is caused to emit its musical note, the instruments $B\,B^2$ respond. They continue sounding so long as the mechanical vibration of B^1 is continued, but become silent with the cessation of its motion. The duration of the sound may be used to indicate the dot or dash of the Morse alphabet, and thus a telegraphic dispatch may be indicated by alternately interrupting and renewing the sound. When two or more instruments of different pitch are simultaneously caused to vibrate, all the instruments of corresponding pitches upon the circuit are set in vibration, each responding to that one only of the transmitting instruments with which it is in unison. Thus the signals of A, fig. 6 (siehe Abb. 8), are repeated by A^1 and A^2, but by no other instruments upon the circuit; the signals of B^2 by B and B^1; and the signals of C^1 by C and C^2 — whether A, B^2 and C^1 are successively or simultaneously caused to vibrate. Hence by these instruments two or more telegraphic signals or messages may be sent simultaneously over the same circuit without interfering with one another.

I desire here to remark that there are many other uses to which these instruments may be put, such as the simultaneously transmission of musical notes, differing in loudness as well as in pitch, and the telegraphic transmission of noises or sounds of any kind.

When the armature c, fig. 5, is set in vibration, the armature h responds not only in pitch, but in loudness. Thus, when c vibrates with little amplitude, a very soft musical note proceeds from h; and when c vibrates forcibly the amplitude of the vibration of h is considerably increased, and the resulting sound becomes louder. So, if A and B, fig. 6, are sounded simultaneously (A loudly and B softly), the instruments A^1 and A^2 repeat loudly the signals of A, and $B^1\,B^2$ repeat softly those of B.

One of the ways in which the armature c, fig. 5, may be set in vibration has been stated before to be by wind. Another mode is shown in fig. 7, whereby motion can be imparted to the armature by the human voice or by means of a musical instrument.

The armature c, fig. 7, is fastened loosely by one extremity to the uncovered leg d of the electro-magnet b, and its other extremity is attached to the centre of a stretched membrane, a. A cone, A, is used to converge sound-vibrations upon the membrane. When a sound is uttered in the cone the membrane a is set in vibration, the armature c is forced to partake of the motion, and thus electrical undulations are created upon the circuit $E\ b\ e\ f\ g$. These undulations are similar in form to the air vibrations caused by the sound — that is, they are represented graphically by similar curves. The undulatory current passing through the electro-magnet f influences its armature h to copy the motion of the armature c. A similar sound to that uttered into A is then heard to proceed from L.

In this specification the three words "oscillation", "vibration", and "undulation", are used synonymously, and in contradistinction to the terms "intermittent" and "pulsatory". By the term "body capable of inductive action", I mean a body which, when in motion, produces dynamical electricity. I include in the category of bodies capable of inductive action brass, copper, and other metals, as well as iron and steel.

Having described my invention, what I claim, and desire to secure by letters patent, is as follows:

1. A system of telegraphy in which the receiver is set in vibration by the employment of undulatory currents of electricity, substantially as set forth.

2. The combination, substantially as set forth, of a permanent magnet or other body capable of inductive action, with a closed circuit, so that the vibration of the one shall occasion electrical undulations in the other, or in itself, and this I claim, whether the permanent magnet be set in vibration in the neighborhood of the conducting wire forming the circuit, or whether the conducting wire be set in vibration in the neighborhood of the permanent magnet, or whether the conducting wire and the permanent magnet both simultaneously be set in vibration in each other's neighborhood.

3. The method of producing undulations in a continuous voltaic current by the vibration or motion of bodies capable of inductive action, or by the vibration or motion of the conducting wire itself, in the neighborhood of such bodies, as set forth.

4. The method of producing undulations in a continuous voltaic circuit by gradually increasing and diminishing the resistance of the circuit, or by gradually increasing and diminishing the power of the battery, as set forth.

5. The method of, and apparatus for, transmitting vocal or other sounds telegraphically, as herein described, by causing electrical undulations, similar in form to the vibrations of the air accompanying the said vocal or other sounds, substantially as set forth.

In testimony whereof I have hereunto signed my name this 20th day of January, A. D. 1876.

Witnesses:
Thomas E. Barry,
P. D. Richards.

Alex. Graham Bell.

Der Urheber dieses Patentes, Alexander Graham Bell, stammte aus Schottland, wo er 1847 geboren war. Er studierte in Edinburg und London, ging 1870 nach Kanada und wurde 1872 Professor der Physiologie der Sprechwerkzeuge in Boston. Später in Washington ansässig, hat dieser glückliche Erfinder seinen Ruhm und Besitz bis 1922 genießen können. Wie Reis, ist also auch er unmittelbar von der Betrachtung der Sprech- und Hörorgane ausgegangen, hat aber mehrfache Schwankungen in seinen Zielen durchgemacht. Die ersten Anregungen erhielt er von seinem Vater, der die Pflege des fraglichen physiologischen Gebietes zu seiner Lebensaufgabe gemacht hatte. Der Sohn ging also wie sein Nebenbuhler Gray gut vorbereitet an seine Arbeit und hat es allem Anschein nach beim Verfolgen seiner Ziele an planmäßiger Arbeit nicht fehlen lassen. Schon in einem Vortrage in London vom Oktober 1877[1]) hat er selbst über den Entwicklungsgang seines Telephones ausführlich berichtet. Solche eigenen Mitteilungen des Gelehrten, Künstlers, Erfinders über den Werdegang ihrer Schöpfungen sind immer ebenso fesselnd wie lehrreich, nur muß man dabei im Auge behalten, daß die Erinnerungen des Urhebers einer Tat erfahrungsgemäß schon nach kurzer Zeit von Vorstellungen durchsetzt werden, die mehr oder weniger große Verschiebungen des Bildes erzeugen. Es erscheint dann hinterher vieles als das Ergebnis folgerichtigen Suchens, was in Wirklichkeit unbewußte Empfängnis war. So hat man auch von dem Berichte Bells den Eindruck, daß es ganz so ordentlich, wie er darstellt, bei seinem Schaffen doch wohl nicht zugegangen sein mag.

Bell ist wohl schon als Student sehr von der Lehre Helmholtz' über die Lautbildung gefesselt gewesen. Im Verlauf hat er sich mit Vorliebe der physikalischen Seite zugewendet, den Geräten zum Erzeugen von Tönen mit Hilfe von elektrisch schwingenden Stimmgabeln. Auch die „Galvanische Musik" von Page gelangt in den Kreis seiner Betrachtungen, wiewohl die bis jetzt nur sonderbare Erscheinung unmittelbar wenig Anschauungen von Schwingungen bietet. Von da hat sich Bell angeregt gefühlt, Anwendungen auf die „harmonische Mehrfachtelegraphie" zu suchen und hat

---

[1]) Prescott S. 50 ff.

Einrichtungen entworfen, die denen von La Cour ganz ähnlich waren. Von dieser Übertragung einer beschränkten Anzahl von Tönen durch dieselbe Leitung zu Signalzwecken ist er dann wieder auf den Anfang zurückgekommen und hat versucht, aus diesen Einrichtungen die Möglichkeit abzuleiten, jeden Laut, also auch die menschliche Stimme zu übertragen.

Die umfangreiche Patentschrift von Bell enthält nach heutiger Kenntnis eigentlich nur wenig von dem, was sich auf Telephone bezieht und den Kern langer Streitigkeiten und umfassender Unternehmungen gebildet hat. Die Breite der Patentschrift ist trotzdem nützlich, weil sie ein Bild der damaligen Einsicht überhaupt gibt, als das Arbeiten mit veränderlichen Strömen noch weniger geläufig war als jetzt. Bell unterscheidet Wellenströme (undulatory current) und absetzende Ströme (intermittent or pulsatory current). Sein Ziel bildet zunächst die Erzeugung von Strömen erster Art und ihre Benutzung zu verschiedenen Zwecken. Der Aufbau der Erfindung auf diesem Unterschiede in den Stromarten erscheint aber unzulässig. Solche Strombilder, wie in den Fig. 1, 2, 3 gibt es nicht unter den hier in Frage kommenden Verhältnissen, im besonderen bei dem schnellen Wechsel und den geringfügigen Ausschlägen. Selbstinduktion und Unterbrechungsfunken machen den Stromverlauf mehr oder minder zusammenhängend. Der früher besprochene Sender von Reis gab zu ähnlichen Überlegungen Anlaß. Die Vorführung der verschiedenen Verfahren zum Erzeugen von Wellenströmen war auch damals nicht mehr unbedingt nötig, denn das hatte Faraday schon einige 40 Jahre früher erledigt. Gleichwohl leitet sie über zu dem bedeutsamen Fortschritte Bells, seiner eigentlichen Erfindung, der Benutzung von Induktionsströmen zur elektromechanischen Kupplung des Gebers mit dem Empfänger.

Der Übergang vom Mehrfachtelegraphen zum Telephon, wie ihn die Fig. 6 und 7 darstellen, erscheint doch noch ziemlich sprunghaft. So mag er in Wirklichkeit auch gewesen sein. Der Text zeigt denselben Sprung. Das spricht aber keineswegs gegen, sondern gerade für die Erfindung, sofern sie angemessen begrenzt wird. Das Telephon benutzt im Geber die Membran von Reis, wie man sie kurz bezeichnen mag, im Empfänger dieselbe Membran, die auch Gray angab. Ganz neu aber ist eben die Induktions= kupplung der Membranen. Durch sie wird der besondere Strom= geber überflüssig, denn die in Fig. 7 noch verbliebene Batterie gab nur eine magnetische Vorspannung, hatte keine Leistung auf= zubringen und konnte bald danach durch Dauermagnete ersetzt werden. Dieser Umstand ist von größter Bedeutung geworden, trotzdem die Einrichtung selbst kaum ein Jahrzehnt in allgemeinem Gebrauche blieb. Selbstverständlich sprechen dabei keine wirtschaft= lichen Gesichtspunkte mit, wie bei einer Kraftübertragung mit Starkstrom, der große Vorzug des kurz als Bell=Telephon bezeich= neten Gerätes lag in seiner außerordentlichen Einfachheit, die seine schnelle Einführung und damit den plötzlichen Anstieg des Telephonwesens begründete.

Daß Bell auf den Schultern von Reis stand, bewußt oder unbewußt, ist nicht zu bezweifeln. Hinsichtlich der Möglichkeit der Kenntnisnahme und der Wahrscheinlichkeit, daß die Kenntnis= nahme wirklich erfolgt ist, gilt für ihn dasselbe wie für Gray. Zu weiterer Bekräftigung kann hier auch noch das Zeugnis von L. Tait angeführt werden, der in der ersten Hälfte der 60er Jahre vielfach in Edinburg Gelegenheit hatte, ein Reis=Telephon in Tätigkeit zu hören. Bei einer solchen Gelegenheit sei auch der Vater Bells zugegen gewesen[1]). Von der anderen Seite ist das allerdings bestritten. Übrigens ist natürlich auch für die Urheber= schaft von Bell unerheblich, ob er die gleichzielenden früheren Ar= beiten kannte oder nicht, ganz wie im Falle Gray. Denn eine solche Untersuchung bezieht sich auf das Verdienstliche im Hinblicke auf die Allgemeinheit, ohne Rücksichtnahme auf fremdartige und förm= liche Umstände, wie sie bei Patentstreitigkeiten neben den sach= lichen Gründen unvermeidlich auftreten.

Beschreibt nun die Patentschrift von Bell sein Telephon so, daß die Ausführung danach durch einen geschickten Sachmann ohne weiteres möglich gewesen wäre? Nein, denn Bell selbst hat mit einem nach seiner eigenen Anweisung gebauten Gerät einen voll= kommenen Mißerfolg gehabt, wie er selbst erzählt[2]). Nur sein

---

[1]) Scient. Am. Bd. 54, S. 6. 1886.   [2]) Prescott, S. 71.

Freund und Gehilfe will bei den ersten Versuchen einen schwachen Ton an der Empfangsstelle gehört haben. Aber auch das kann bezweifelt werden. Ein Richter also, der mit vollständiger Kenntnis der elektrisch-mechanischen Bedingungen ausgerüstet gewesen wäre, hätte entscheiden müssen, daß die Patentanmeldung in bezug auf das Telephon keine Erfindung enthalte, weil, wie ja der eigene Versuch des Erfinders auch bewies, der angegebene Mechanismus nicht der Absicht entsprechen konnte, nicht gangfähig sei. Tatsächlich beschrieb die Anmeldung weder einen ausgeführten Apparat, der, ob man eine Erklärung dafür hatte oder nicht, den praktischen Beweis für seine Brauchbarkeit lieferte, noch enthielt die Patentanmeldung eine hinreichende Anweisung wie der Mechanismus auszuführen sei, um den beabsichtigten Erfolg zu ergeben. Das, worauf es ankommt, wußte der Urheber beim Abfassen der Patentanmeldung offenbar selbst noch nicht. Die Fig. 7 ist ganz schematisch gezeichnet. Wahrscheinlich waren die schwingenden Massen zu groß. Bell stand also vorläufig nicht höher als etwa Bourseul, der auch nur allgemein den Weg andeutete. Erst nachdem Bell in vielen Versuchen gefunden hatte, was noch nicht in seiner Patentbeschreibung stand, trat der gewünschte Erfolg ein. — Es ist nicht müßig, die Entstehung einer Erfindung soweit zu zergliedern, denn viele sind geneigt, den Erfinderruhm nur dem zu erteilen, der zuerst eine tatsächlich brauchbare Form geschaffen hat.

In der Zeichnung des Bell-Telephones waren noch in Fig. 7 Geber und Empfänger äußerlich verschieden. Das war die seit Reis gewohnte Ausführungsweise. Es war nun für den Erfolg von Bell eine Änderung von erheblicher Wichtigkeit, die beiden Stücke ganz gleich auszustatten, so daß jede Seite Geber und Empfänger zugleich war. Diese Maßnahme wird auf Dolbear zurückgeführt[1]).

Nach längeren Versuchen kam Bell auf eine Form der schwingenden Teile, die schon ermutigende Ergebnisse brachte: Der ganz leichte Anker, ein Stückchen Uhrfeder, war an eine dünne, gutgespannte Membran von Blase oder dergleichen geklebt, die schwin-

---
[1]) Prescott, S. 19 u. 265.

gende Masse also soweit angängig vermindert, unter Erhaltung noch hinreichender magnetischer Wirkung. Eine andere Form enthielt einen sogenannten Topfmagneten, dessen Deckel, also der Anker, aus einer dünnen aufgeschraubten Blechscheibe von Eisen bestand. Solchen Magneten schrieb man damals noch besondere Eigenschaften zu, da man ohne das Gesetz vom magnetischen Kreise ihre Wirkung nicht recht verstand. Der Topfmagnet ist bald wieder aufgegeben, die dünne Eisenscheibe ist das klassische Element des Telephones geblieben. So weit gekommen, konnte Bell eine kleine Anlage seines Sprechgerätes auf der Weltausstellung von 1876 in Philadelphia vorführen, bei der die galvanische Batterie für die magnetische Vorspannung sorgte. Dann aber nahm Bell zum Polarisieren des schwingenden Körpers nicht den bis dahin aus anderen Versuchen beibehaltenen Elektromagneten, sondern einen Dauermagneten. So entstand das einfachste aller Telephone (Abb. 9), mit Stabmagnet, aufgesetztem Elektromagnet und Eisenmembran in natürlichster, anschaulichster Anordnung, so daß diese Form, wiewohl für die wirkliche Ausführung verlassen, doch heute noch als stilisierte oder symbolische Darstellung der elektrischen Sprachübermittlung dient.

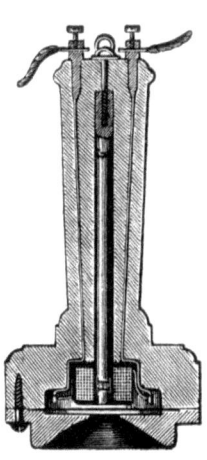

Abb. 9. Bells Telephon mit Stabmagnet. (Die Geschichte und Entwicklung des elektrischen Fernsprechwesens.)

„Am 9. Oktober 1876 wurde vor Zeugen der erste praktische Beweis von der Brauchbarkeit seines Telephones geliefert. An diesem Tage konnte man in Boston die Worte des Beamten in Cambridge deutlich wahrnehmen. Das Gespräch wurde in gewöhnlichem Tone geführt und war durchaus verständlich. Der nächste Schritt war die Einschaltung einer 29 km langen Leitung, zwischen Boston und Salem"[1]).

Schon im Januar 1877 gelang es Prof. Bell, nicht allein die Worte hörbar zu übermitteln, auch der Ton und die Klangfarbe verschiedener Stimmen waren zu unterscheiden.

---

[1]) Arch. Post Telegr. Oktober 1877, Nr. 20, S. 642. Berlin.

Das Bell=Telephon hatte die Zeit der öffentlichen Sprach=
übertragung eingeleitet. Es kam im Herbst 1877 nach Deutschland
herüber. Kaum je ist eine technische Neuheit so schnell volkstüm=
lich geworden. Das verdankte sie ihrer unvergleichlichen Einfach=
heit und ihrer Eignung auch für Laienhand. Nichts daran war zu
stellen und zu regeln, und namentlich war der Wegfall der galva=
nischen Batterie vereinfachend und somit erleichternd für die Ein=
führung. Technische Vorzüge und einschmeichelnde, überraschende
Wirkung vereinten sich, um weiteste Kreise begierig nach dem Tele=
phon zu machen, das wie ein Mittelding von ernsthaftem physi=
kalischem Apparat und lehrhaftem Spielzeuge angesehen wurde.
Ein Abbild dieser Teilnahme für das Telephon zeigte sich in den
Werkstätten von Siemens & Halske. Werner Siemens hatte
zur nachdrücklichen Anregung und für Geschenkzwecke eine kleine
und besonders einfache Form des Telephones ausführen lassen,
aber die Nachfrage danach überstieg weit seine Erwartungen, ohne
daß er besondere Freude darüber empfand[1].

Außer den schon erwähnten Zwischenformen hatte Bell u. a.
auch schon einen Hufeisenmagneten mit Doppelpolen an der
Membran versucht, war aber davon abgekommen, wie auch Reis
immer wieder zu seinem lautschwachen Hörer zurückgekehrt war.
Der Hufeisenmagnet ist ja später so allgemein geworden, daß
man sich über das Verkennen seiner Vorzüge durch Bell wundern
dürfte. Nebenumstände haben wohl die richtige Einsicht erschwert.
Das Telephon ist seiner Natur nach ein Gerät von sozusagen mikro=
skopischer Empfindlichkeit, und Täuschungen über den Einfluß von
Einzelheiten sind deshalb häufig vorgekommen.

Es war das Schicksal von Bells Schöpfung, soweit sie in der
Patentschrift mitgeteilt ist, im wesentlichen nur als Wegbereiter
und Schrittmacher zu dienen. Der Gedanke, durch veränderliche
elektromotorische Kraft im Stromkreise, die aus der Energie der
sprechenden Stimme geschöpft wird, auf eine entfernte Schallplatte
so einzuwirken, daß ihre Bewegungen ein Abbild der Sprech=

---

[1] Matschoß: Werner Siemens... 2 Bd., S. 543. Gleichstücke dieses
ältesten Telephones deutscher Fertigung besitzt das Siemens=Museum in
Siemensstadt.

wellen werden, ist an sich in hohem Grade eigenartig und hatte das unbestrittene Verdienst für sich, durch die überraschende Einfachheit die Telephonie mächtig gefördert, ja sie überhaupt eingeführt zu haben. Besonders für die Denkweise mancher Elektrotechniker mußte es auch etwas Verlockendes haben, die nötigen Stromschwankungen durch „verlustlose Regelung" herbeizuführen, statt durch Widerstandänderungen. Auf die Dauer konnte sich aber das Bell=System nicht halten, weil sein Wirkungsgrad zu niedrig ist. Werner Siemens war einer der ersten, die sich mit der tieferen Begründung der Telephonerscheinungen befaßten, und teilte schon im Januar 1878[1]) der Akademie der Wissenschaften in Berlin einiges von seinen Beobachtungen und Überlegungen mit. Er betonte in dem sehr bemerkenswerten Vortrage namentlich die großen Energieverluste der Schallwellen bei der Übertragung. In einem Falle schätzte er den übertragenen Teil der Schallenergie auf weniger als $\frac{1}{10000}$ der an der Sprechstelle entwickelten, trotz der großen Empfindlichkeit des Telephones und — nicht zu vergessen — unseres Ohres. Werner Siemens machte deshalb wohl Vorschläge zur Verbesserung des Bell=Telephones, bezweifelte aber die Möglichkeit, mit der Anordnung nach Bell, bei der die Schallwellen selbst die Übertragungsarbeit liefern müssen, größere Entfernungen zu überwinden. Man hatte damals im Anfange des Telephonwesens noch vielfach unklare Vorstellungen über die Wirkung, und man dachte an die Möglichkeit, die ganze Schallmasse ungeschwächt oder gar verstärkt zu übertragen. Demgegenüber hielt Werner Siemens für aussichtsvoller — noch vor Auftreten des Mikrophones also! — eine fremde Stromquelle, eine galvanische Batterie, zum Bewegen der Empfangsmembran einzuspannen und als Diktator etwa einen angemessen verbessert gedachten Sender nach Reis zu benutzen. Diese Entwicklung ist tatsächlich eingetreten, wie bekannt, nach einem Jahrzehnt hatte die Fernspracheinrichtung nach Bell, trotz ihrer bestechenden Einfachheit, die Herrschaft zugunsten

---

[1]) Siemens, Werner: Wissenschaftliche u. Technische Arbeiten. 2. Bd., S. 353.

der Einrichtungen mit mikrophonischem Geber abtreten müssen, da man es so in der Hand hat, die Spannung der Sprechströme zu steigern. Nur so wurden die steigenden Ansprüche an Reichweite befriedigt. In vollem Gebrauche dagegen ist das Bell=Telephon für sich als Hörer geblieben, das heißt, die Eisenmembran erhält durch einen Stahlmagneten magnetische Vorspannung, die durch die Sprechströme verändert wird. Die Gründe dafür werden noch in anderem Zusammenhange berührt. Freilich besteht dabei nur noch eine körperliche Gleichheit mit dem Bell=Telephon, denn der Grundgedanke Bells, die Benutzung von Induktionsströmen, tritt nicht mehr auf, und die Gründe, die jetzt für seine Form sprechen, lagen ihm damals fern.

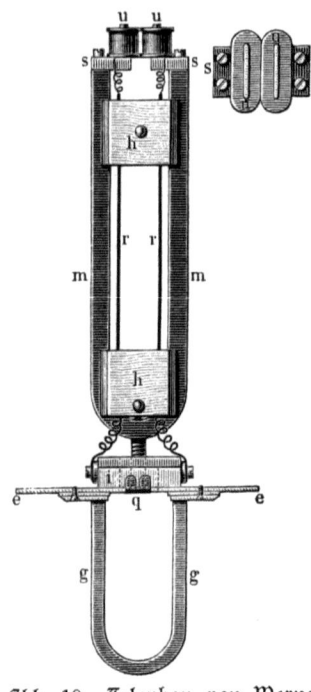

Abb. 10. Telephon von Werner Siemens nach D.R.P. Nr. 3396. (Karraß, Geschichte der Telegraphie.)

Vorbildlich für alle Empfänger ist die Form geblieben und deshalb zweckmäßig an dieser Stelle zu erwähnen, die Werner Siemens ebenfalls schon 1878 angab[1]) (Abb. 10): Hufeisen=Dauermagnet als Ursprung eines verhältnismäßig starken Magnetfeldes, derartige Formgebung und Stellung der Elektromagnetschenkel, daß der Kraftfluß tunlichst geringen Widerstand in dem Membraneisen findet und dabei ausgiebige Änderungen beim Schwingen der Membran erfährt. Offenbar hat

---

[1]) D.R.P. 3396 v. 8. Mai 1878. Wie hier bemerkt sein mag, besaß Bell kein Deutsches Patent für seine Erfindung von 1876. Das deutsche Patentgesetz trat erst am 1. Juli 1877 in Kraft, als die Erfindung Bells schon offenkundig war. Trotzdem machte Bell im November 1877 in einem kurzen Briefe an Werner Siemens Schutzansprüche geltend, die aber von diesem in ruhiger, sachlicher Form zurückgewiesen wurden. (Archiv des Siemens=Konzernes.)

sich Werner Siemens dabei schon von Vorstellungen leiten lassen, die er 1884 zum Gesetze vom magnetischen Kreise verdichtete. — Alle anderen später in Gebrauch gekommenen Empfänger sind Umformungen meist äußerlicher Art dieses nach klaren Grundsätzen gebauten Vorgängers.

Mit dem Auftreten des Bell=Telephones schienen alle früheren Bestrebungen derselben Richtung überwunden, die überaus große Einfachheit ließ alles andere zurücktreten. In kleinen und großen Anlagen war das Bell=Telephon in Gebrauch. Siemens & Halske bauten danach, wenn auch nicht ausschließlich, noch bis 1887. Eine erste Einbuße seines Ansehens erlitt das Bell=Telephon aber schon durch die Notwendigkeit einer besonderen Einrichtung für den Anruf. Es war nicht gelungen, mit einfachen Mitteln einen lautsprechenden Empfänger herzustellen, ebensowenig eine Pfeife oder Trompete mit der schwachen, vom Geber kommenden Schallenergie genügend vernehmlich anzublasen. Es waren also besondere Anrufklingeln unvermeidlich geworden, die von einer kleinen Batterie oder einem kleinen Handinduktor gespeist wurden. Dazu waren noch selbsttätige Schalter u. dgl. nötig, um mit denselben Leitungen sprechen und anrufen zu können. Mit diesen Erschwernissen wurde die Einfachheit der Bell= Anlagen einigermaßen zweifelhaft, oder anders gesagt, die Einfachheit des Gebers bedeutete für die Anlage im ganzen keinen erheblichen Vorteil mehr, wenn ohnehin ein besonderer Stromgeber nötig war, der große Mangel, die geringe Reichweite, blieb doch.

Es könnten hier weitere Mitteilungen über Verbesserungen am Bell=Telephone angeschlossen werden, die hauptsächlich den Zweck hatten, den angedeuteten Übelstand zu beseitigen. Der Vorschläge dazu traten natürlich eine Menge auf, denn wenn eine so schlagende technische Neuheit erscheint, pflegt die Schar derer, die mitgenießen oder auch nur mittun wollen, viel größer zu sein, als die der berufenen Helfer. Es wird sich aber als zweckmäßiger erweisen, und namentlich den Überblick erleichtern, wenn zunächst von einem neuen bedeutsamen Fortschritte gesprochen wird, dem Mikrophon, der dritten großen Erscheinung in der Telephonie, wenn das Telephon von Reis und das von Bell als erste und zweite gewählt werden, wie sich gebührt. Auch zeitlich gehört ja das Mikrophon schon hierher, die vorgreifende Betrachtung wird aber auch das Erkennen der gemeinsamen Gesichtspunkte erleichtern, unter denen sich scheinbar ganz verschiedene Formen beurteilen lassen.

Das Mikrophon.

Die entscheidende Wendung ging von David Edward Hughes aus (1831—1900). Er war der bekannte Elektrotechniker, nach dem der verbreitetste Drucktelegraph seinen Namen führt. Wie wir wissen, beschäftigte er sich schon 10 Jahre vor Bells Auftreten mit dem Reis=Telephon, wie es scheint ganz uneigennützig, und hatte es als physikalische Merkwürdigkeit auch dem Kaiser von Rußland vorgeführt[1]). Selbst durch die Erfolge seines Typen= druckers äußerlich befriedigt, hat er auch Freude an den Leistungen anderer gehabt. Sein weiteres Verhalten in der Mikrophonfrage bestätigt das. Hughes gab nun in der Sitzung vom 9. Mai 1878[2]) der Royal Society Kenntnis von Beobachtungen und Überlegungen die er über das Verhalten „loser Kontakte", „Zitter=Kontakte" an= gestellt hatte, oder wie man sie im Gegensatze zu den sonst an= gestrebten festen Preßkontakten bezeichnen mag. Es heißt dort auf S. 365 ff.:

..."I have found that any sound, however feeble, produces vibrations which can be taken up by the matter interposed in the electrical circuit. Sounds absolutely inaudible to the human ear affect the resistance of the conductors described above. In practice, the effect is so sensitive, that a slight touch on the board by the finger nail, on which the transmitter is placed, or a mere touch with the soft part of a feather, would be distinctly heard at the receiving station. The movement of the softest camel hair brush on any part of the board is distinctly audible. If held in the hand, several feet from a piano, the whole chords—the highest as well as the lowest—can be distinctly heard at a distance. If one person sings a song, the distant station provided with a similar transmitter, can sing and speak at the same time, and the sounds will be received loud enough for the person singing to follow the second speech or song sent from the distant end.

---

[1]) ETZ 1895, S. 244.
[2]) Proc. of the Roy. Soc. of London Bd. 27. 1878.

Das Mikrophon. 73

Acting on these facts, I have also devised an instrument suitable for magnifying weak sounds, which I call a microphone. The microphone, in its present form consists simply of a lozenge-shaped piece of gas carbon, one inch long, quarter inch wide at its centre, and one-eighth of an inch in thickness. The lower pointed end rests as a pivot upon a small block of similar carbon; the upper end, being made round, plays free in a hole in a small carbon-block, similar to that at the lower end. The lozenge stands vertically upon its lower support. The whole of the gas carbon is tempered in mercury, in the way previously described, though this is not absolutely necessary. The form of the lozenge-shaped carbon is not of importance, provided the weight of this upright contact piece is only just sufficient to make a feeble contact by its own weight. Carbon is used in preference to any other material, as its surface does not oxidise. A platinum surface in a finely-divided state is equal, if not superior, to the mercurised carbon, but more difficult and costly to construct. I have also made very sensitive ones entirely of iron."

Der eben angezogene Abschnitt enthält das Wichtigste für Telephone aus der längeren Arbeit, die sich allgemein mit der Änderung des Übergangswiderstandes bei Druckänderungen zwischen leitenden Körpern befaßt, vornehmlich zwischen Stücken der dichten und harten Retortenkohle. Hughes gibt auf S. 368 gewissermaßen das Schema seiner Versuche in der einfachen säulenartigen Schichtung von regelmäßigen Kohlestücken, die in der Achsenrichtung mehr oder weniger gegeneinander gepreßt werden. Er beschreibt da auch die einfachste Form seines Mikrophones (Abb. 11, nach einer zeitgenössischen Darstellung). Bei der Genauigkeit, mit der die Vorgänge bei Telephon und Mikrophon überhaupt betrachtet werden müssen, um allen Ansprüchen der damaligen Mitbewerber gerecht zu werden, ist der Hinweis nicht überflüssig, daß Hughes solche Zitter- oder Erschütterungskontakte wie in Abb. 11 auch zu der großen Klasse der Kontakte für Druckänderung zählt. In der Tat ist keine Erschütterung denkbar ohne Druckänderungen als ihre Folge. Immer tritt ein mehr oder weniger merkliches Lockern des Kontaktes

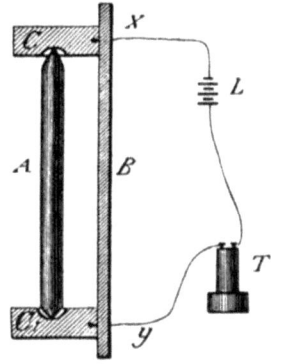

Abb. 11. Mikrophon von Hughes. (Die Geschichte und Entwicklung des elektrischen Fernsprechwesens.)

ein, das bis zum vorübergehenden völligen körperlichen Lösen gehen kann, ohne daß damit aber, wie früher schon betrachtet, sofort eine völlige Stromunterbrechung verbunden zu sein braucht. Diese Vorstellung von der begleitenden Druckänderung bei der steten Umlagerung an den Kontaktstellen ist wohl einigermaßen faßlich und macht solche Überlegungen entbehrlich, wie sie Hughes in seiner Arbeit bis zur Formänderung der Moleküle versucht. Sie führen doch nur bis zu den Grunderscheinungen, können aber nicht die jedenfalls äußerst verwickelten Vorgänge erhellen, die das Durchbilden telephonischer und mikrophonischer Geräte erschweren. Eine sichere Baulehre für sie, ein „Berechnen" gibt es noch nicht, nur vielfache Erfahrungen und geduldiges Versuchen führten bis jetzt zum Ziele[1]).

Bekanntlich haben sich die Anregungen von Hughes in der Telephonie schnell und gründlich durchgesetzt, nur Anlagen mit ganz kurzen Abständen werden noch ohne Mithilfe des Mikrophones ausgeführt. Das erscheint heute selbstverständlich, denn nur durch Einschalten einer besonderen Energiequelle wird ein handliches Telephon von genügender Lautstärke ermöglicht.

Schutzrechte auf seine Erfindung oder Einzelheiten davon zu erwerben, hat Hughes unterlassen. Er sagt am Ende seines erwähnten Vortrages, seine Mitteilungen beträfen ja auch mehr eine Entdeckung als eine Erfindung. Der Verzicht wurde ihm freilich durch die Erfolge seines Drucktelegraphen erleichtert, aber das Verschmähen weiterer Glücksgüter von fraglichem Werte in unerquicklichem Kampfe mit dem Nebenbuhler berührt doch wohltuend. Der Urheber hat hier jedenfalls die selbstlose Genugtuung gehabt, die weitreichende Wirkung seiner Arbeit zu erleben. — Sonderbar genug sind also die beiden Schöpfungen, die den tiefsten Einfluß auf die Entwicklung der Telephonie gehabt haben, die von Reis und Hughes, ohne Patentschutz und Einnahmen geblieben, während die in der Hauptsache doch nur vorübergehende Wirkung der Erfindung von Bell von ungewöhnlichen wirtschaftlichen Ergebnissen begleitet war.

Gewiß umfaßte die besprochene Arbeit von Hughes manche

---

[1]) Vgl. u. a. K. W. Wagner: ETZ 1911 S. 81ff.

Das Mikrophon.

Einzelheiten, die schon vorher verwirklicht, doch in ihrer allgemeinen Bedeutung nicht erkannt waren. In patentrechtlicher Hinsicht würde deshalb Hughes vielleicht unliebsame Hindernisse erfahren haben. Wie bisher immer, betrachten wir aber hier seine bedeutsame Leistung, nämlich das Grundsätzliche über die „losen" Kontakte entwickelt und namentlich auf die Telephonie angewendet zu haben, ohne Rücksicht auf förmliche Schutzrechte in freiem Empfinden. Bei solcher Einstellung wird der Unbefangene das Verdienst von Hughes gebührend einschätzen.

Das Fehlen irgendwie hindernder Schranken ließ auf den Forschungen von Hughes eine große Zahl von Mikrophonen entstehen, die zum Teil ihre gute Berechtigung hatten, da Hughes seinen Geber, der sich ebenfalls durch seine überraschende Einfachheit auszeichnete, vorläufig mehr als Laboratoriumsgerät, denn als allgemein verwendbares Verkehrsmittel ausgebildet hatte. Er ist in dieser Hinsicht überhaupt zurückhaltend geblieben. — Für den praktischen Gebrauch unsicher erscheinen mußte namentlich das Mikrophon mit Berührung in nur je einem Punkte der Kontaktstücke. Zwar sehr empfindlich, gewiß auch durch die Hintereinanderschaltung von zwei Kontaktstellen, konnte es durch scheinbar kleine, aber doch störende Ungleichmäßigkeiten der Kohlenstücke an den Berührungsstellen, auch durch unscheinbare Fremdkörper, seine Eigenschaften ändern, wenn nicht gar seine Wirksamkeit vorübergehend ganz einstellen. Aus diesen Gründen entstand das mehrkontaktige Mikrophon mit einer kleineren oder größeren Zahl von Kontaktstellen in Parallelschaltung. Denn mit dieser Zahl wächst die Wahrscheinlichkeit, gewisse mittlere Werte des Übergangswiderstandes dauernd zu behalten und weniger von Zufälligkeiten abhängig zu sein. Auf der anderen Seite vergrößern zahlreiche Kontaktstücke die wirksame schwingende Masse und beeinträchtigen so die Leistung des Mikrophones. Daher sind die anfänglich meist gebrauchten Mikrophone mit mehreren größeren regelmäßig gelagerten, beispielsweise walzenförmigen Körpern in Abnahme gekommen gegenüber den Mikrophonen mit Schüttmassen zwischen Kohleplatten, Kügelchen oder unregelmäßigen Körnchen, in der Größe bis zum Pulver abnehmend. So hat sich

eine kapselartige Form des Mikrophones herausgebildet, mit Schall=
öffnung, Membran und dahintergelagerten Kontaktkörpern, die

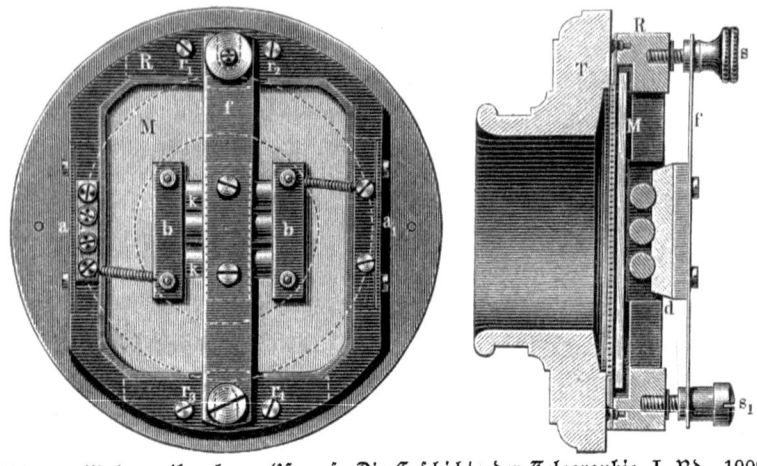

Abb. 12. Walzenmikrophon. (Karraß, Die Geschichte der Telegraphie, I. Bd., 1909.)

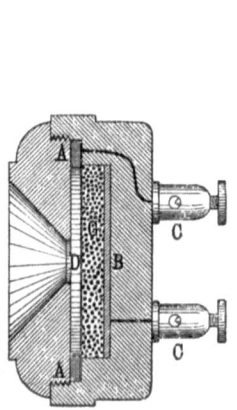

Abb. 13. Körnermikro=
phon. (Karraß, Die Ge=
schichte der Telegraphie.)

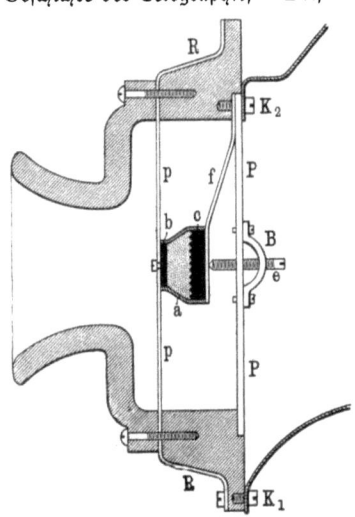

Abb. 14. Grusmikrophon. (Karraß,
Die Geschichte der Telegraphie.)

äußerlich mit der ersten Form von Hughes gar keine Ähnlichkeit
mehr hat, in Wirklichkeit aber dessen einfache Grundelemente so

verfeinert enthält, wie sie die sorgfältige Beachtung der zweck=
mäßigsten Stromstärken und des Einflusses aller kleinen Einzel=
heiten an die Hand gibt. — Zum Veranschaulichen beider Arten
von Mikrophonen zeigt die Abb. 12 ein Walzenmikrophon und
Abb. 13 das Körnermikrophon von Hunning, der wohl als erster
den Nutzen kleiner Kontaktkörper erkannte. An dem Grusmikro=
phon mit Beutel in Abb. 14 sieht man weiter die Mannigfaltigkeit
der Formen[1]).

Vergleiche.

Die Beachtung des Vortrages von Hughes ist zum Gewinnen
einer Übersicht über die verwandten Erscheinungen so vorteilhaft,
weil die Arbeit den Gegenstand in sehr allgemeiner Form faßt,
während die in Vergleich kommenden Geräte nur als besondere
Anwendungen erscheinen, gleichgültig, ob sie das wirklich waren
oder nur hätten sein können. Es sind nach der Veröffentlichung
von Hughes verschiedene Urheber von telephonischen Gebern
aufgetreten, die nach ihrer und anderer Meinung die Ergebnisse
von Hughes vorweggenommen hätten. Es wird sich sogar zeigen,
daß beim Suchen nach Verwandtschaften noch andere Beziehungen
festgestellt werden können. Man neigt freilich immer dazu, unwill=
kürliche nachträgliche Erkenntnisse von Zusammenhängen bei der
Beurteilung der Urheberschaft zugrunde zu legen. Jedenfalls aber
ist das bleibende Verdienst von Hughes, die Erscheinungsgruppe
in umfassender und klarster Form dargestellt zu haben.

Als ersten Gestalter eines Mikrophones hat man oft Robert
Lüdtge angesehen. Der Ansicht war auch Karl Frischen in
einem Vortrage vor dem Elektrotechnischen Vereine in Berlin im
November 1881[2]). Der Vortragende konnte natürlich noch nicht
alle mitsprechenden Umstände kennen, für sein Verständnis zeugt
aber die damals gewiß noch wenig gewürdigte Ansicht, daß eigent=
lich auch der Geber des Reis=Telephones als Mikrophon zu
betrachten sei. Die Ansprüche von Lüdtge stützten sich zunächst
auf sein D.R.P. 4000, das er am 12. Januar 1878 eingereicht hatte.

---

[1]) Karraß, S.: S. 496, 498, 508.   [2]) ETZ 1881, S. 481.

Hughes konnte also davon noch keine Kenntnis haben, als er im März 1878 der Royal Society seine Denkschrift einreichte[1]). In der Patentschrift beschreibt Lüdtge mit bemerkenswerter Klarheit eine Reihe von Gebern, die zweifellos unter den Begriff Mikrophon im Sinne von Hughes fallen. In der Einleitung schließt er sich der Vorstellung an, das Reis=Telephon sei nicht zum Sprechen geeignet gewesen, weil es mit Stromunterbrechungen habe arbeiten sollen. Das "make and break" des Kontaktes bei Reis ist ja bis heute noch nicht ganz geschwunden. Darüber ist schon im Vorhergehenden berichtet, aber es ist gut, sich auch hier nochmals zu vergegenwärtigen: Mit einfachem Schließen und Öffnen des Stromes könnte kein Telephon die Sprache übertragen, da es nur auf Laute oberhalb einer bestimmten Stärke ansprechen, über diese Stärke hinaus aber auch nichts bekunden würde. Da nun tatsächlich das Reis=Telephon gut und klar gesprochen hat, nicht immer, aber doch oft genug, so kann in ihm kein "make and break" geherrscht haben. Es läßt sich umgekehrt aber auch ein solcher abgehackter Strom in den fraglichen Verhältnissen gar nicht herstellen. Das annähernd zu erreichen, macht schon bei den Induktorien große Mühe, geschweige denn unter den unvergleichlich feineren Arbeitsbedingungen eines Telephones. Trotz, man könnte fast sagen gerade infolge dieser falschen Vorstellung, kommt Lüdtge zu seiner Lösung, er benutzt zur Steuerung eine Schnittfläche eines metallenen Leiters, durch die der Batteriestrom geht, und eine Sprechmembran lüftet den Schnitt mehr oder weniger — das ist freilich schon wieder zuviel gesagt, denn es handelt sich natürlich nur um mikroskopische Ausweichungen des beweglichen Kontaktstückes. Um die feinere Einstellung der Kontaktstücke zu erreichen, deren eines die Membran vertritt, während das andere starr ist, sieht der Erfinder eine Mikrometerschraube und andere feinmechanische Einzelheiten vor. Als Empfänger soll beispielsweise ein Bellsches Telephon benutzt werden. Die Grundanordnung ist also vollständig die früher von Reis mit Erfolg benutzte, mit dem nunmehr vorhandenen besseren Empfänger und einem vielleicht in der Wirkung auch besseren Geber. Man wird aber in

---

[1]) Arch. Post Telegr. 1895, S. 331.

Verlegenheit sein, den inneren Unterschied zwischen den Gebern von Reis und Lüdtge zutreffend zu kennzeichnen. Jener spricht von Stromschließen und -öffnen mit seinen federnd sanft gegeneinander gedrückten Kontaktstücken, dieser bezeichnet als das Wesen seiner Vorrichtung die Herstellung mehr oder weniger großer „Innigkeit" an der Unterbrechungsstelle. Die Wirkung kann in beiden Fällen aber nur dieselbe gewesen sein. Auch darin ähneln sich die beiden Einrichtungen, daß sie eine genaue Regelung zur Bedingung machen, wie die Urheber selbst angeben, was kaum bezweifelt werden wird. Lüdtge geht nun aber einen Schritt weiter. Zwar bietet ein aus Membran und einer kugeligen Fläche bestehendes Kontaktpaar mit seiner Einstellbarkeit gegen das Vorhergehende nichts Neues, aber dann folgen lose oder leichte Kontakte, bei denen das eine Stück, eine kugelig begrenzte Schale oder ein kleiner Stift, lediglich durch die Schwerkraft gegeneinander geführt werden. Das ist aber im Wesen genau dasselbe, was Reis erreichte mit seinem nachfallenden Kontaktstreifen, um für die ungeübte Hand das sonst nötige genaue Regeln der Kontaktstelle zu vermeiden (Abb. 2). — Die innere Übereinstimmung der beiden Geber ist seinerzeit offenbar durch das Abweichende in der äußeren Form etwas verdeckt worden, die Anschauungen in den auftretenden Erscheinungen waren auch noch nicht gefestigt, sonst hätte das Patent nicht erteilt werden dürfen. Der Patentanspruch paßt genau auf das Reis-Telephon, noch greifbarer, wenn man die Ausführung nach Yeates mit Flüssigkeitswiderstand zum Vergleich heranzieht.

Wie das Verhältnis des Telephones von Lüdtge zu den Mitteilungen von Hughes in patentrechtlicher Hinsicht zu beurteilen wäre, soll hier nicht erörtert werden. Tatsächlich konnten die beiden keine Anregung voneinander empfangen, soweit der Inhalt der besprochenen Patentschrift in Frage kommt. Die sehr umfassenden Darlegungen von Hughes schließen die besonderen Geber-Formen von Lüdtge mit ein. Diese sind bald wieder verschwunden und haben kaum eine allgemeinere Anregung gegeben. Um so mehr wissen wir von dem Einflusse der von Hughes ausgegangenen Gedanken.

80 Vergleiche.

Die beschriebenen Geräte haben Lüdtge offenbar selbst nicht genügt, vermutlich, weil sie, wie die von Reis, eine zu sorgfältige Bedienung und Regelung verlangten. Beachtet man, eine wie kunstlose und dabei immer betriebsbereite und ohne jede Regelung gut arbeitende Vorrichtung das erste Mikrophon von Hughes von vornherein gewesen ist (Abb. 11), so sucht man unwillkürlich nach dem letzten Grunde für den auffallenden Vorzug dieser Einrichtung, und man kann den nur in der Anwendung der Kohle als Kontaktstück finden. Der höhere und doch nicht zu hohe Leitungswiderstand der Kohle, wozu vielleicht noch andere günstige Eigenschaften treten, machen die elektrischen Änderungen infolge der mechanischen Einwirkung bei der Kohle weniger schroff als bei Metallen, ähnlich dem Verhalten des Flüssigkeitswiderstandes von Yeates. Deshalb sind Abweichungen von der günstigen Stellung und dem besten Zustande der Kontaktstücke bei Kohle von geringerer Bedeutung, und die ganze Einrichtung wird zuverlässiger, sie tritt sozusagen mehr aus dem Mikroskopischen heraus. Das hat sicher auch Lüdtge empfunden und in einer neuen Form seines Gebers den Kohlekontakt angewendet (Abb. 15)[1]). Des kennzeichnenden Vorganges wegen ist diese zweite Form hier mitgeteilt, wiewohl sie keine Bedeutung erlangen konnte. Sie ist ein einkontaktiges Mikrophon, in dem das Kohlestück b einem anderen a mit einer Schraube regelbar gegenübersteht. Elastische Bänder p und q in Verbindung mit der Schraube sorgen für einen federnden Schluß des Kontaktes. — Diese Form hat das Telephon von Lüdtge aber erst im Jahre 1879 erhalten[2]), nachdem die Arbeit von Hughes schon erschienen war. Lüdtge hat von dieser, in

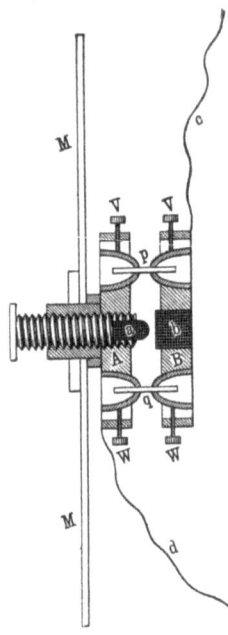

Abb. 15. Telephon von Lüdtge. (Karraß, Geschichte der Telegraphie.)

---

[1]) Karraß S. 490. [2]) Karraß S. 490.

England erschienenen Abhandlung wohl keine Kenntnis genommen, aber wäre es geschehen, so hätte die Wirkung nur sein können, wie sie sich in der zweiten Form widerspiegelt. — Besonders diese zweite Art von Lüdtges Telephon soll sehr gut gearbeitet haben, aber doch gewiß nicht besser, als jedes gute, auf den Anleitungen von Hughes beruhende Mikrophon. Die besondere bauliche Durchbildung ist nicht von Bedeutung. Einen wesentlichen Einfluß hat das Patent nicht ausgeübt, wie aus dem Zusammenhange verständlich. Es wurde 1880 an einen Geschäftsmann abgetreten und erlosch 1882, nachdem es kurz vorher von amtlicher Seite beschränkt worden war.

Ein weiteres hier zu beachtendes Beispiel bietet ein Geber von Edison. Dieser rührige und tatkräftige Erfinder hat sich ebenfalls auch auf dem Gebiete der Telephonie bewegt, wie zu erwarten war, und verschiedene neue Formen geschaffen. Der fragliche Geber (Abb. 16)¹)

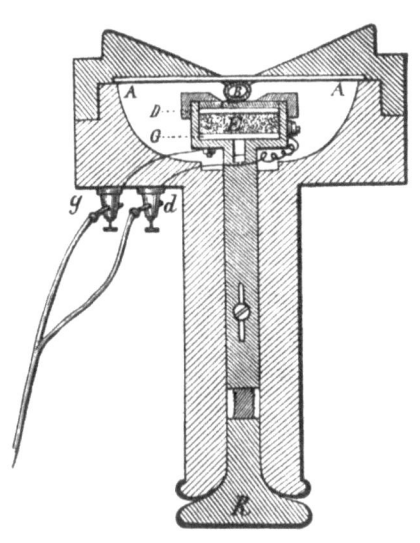

Abb. 16. Geber von Edison. (Die Geschichte und Entwicklung des elektrischen Fernsprechwesens.)

hatte bei E den Kohlewiderstand, der durch ein Stück Gummirohr sanft gegen die Membran drückte. Der Widerstand selbst war gebildet von einer Kohleplatte zwischen Platinblechen, und diese Platte kann aus harter Retortenkohle oder gepreßtem Ruß oder einem sonstigen kohleartigen, irgendwie vorbereiteten Stoffe bestehen. Dieser Geber ist natürlich nichts anderes als ein Mikrophon, das unter Umständen wie ein mehrkontaktiges wirkt. An der Zweckmäßigkeit des Gerätes bei sonst

---

¹) Aus „Die Geschichte und Entwicklung des elektr. Fernsprechwesens". S. 26. Berlin 1880.

guter Ausbildung ist nicht zu zweifeln. — Nach dem Berichte von Hughes[1]) ist Edison zu derselben Zeit wie er selbst im Jahre 1877 mit Versuchen beschäftigt gewesen, den Geber von Reis in Verbindung mit dem Bellschen Empfänger zu benutzen. Beide kamen so auf den Kohlekontakt als Ersatz für die Metallkontakte von Reis. Wer nun als erster mit seiner Neuheit an die Öffentlichkeit trat, wird sich bei der unsicheren Begrenzung jenes Begriffes gerade in diesem Falle kaum noch entscheiden lassen. Die größere Bedeutung kommt wegen der eingehenden Begründung und der lehrhaften Ausdehnung der Untersuchung jedenfalls der Arbeit von Hughes zu. Dieser bezweifelt übrigens a. a. O. gar nicht die vermeintliche Entdeckung Edisons von der Widerstandsänderung bei der Kohle durch Druckwirkung, er meint nur, diese Tatsache sei schon lange bekannt gewesen, sie sei aber keineswegs die hier wirksame Ursache. Als solche müsse man vielmehr den „leichten oder mikrophonischen" Kontakt ansehen, denn nur mit einer solchen mikrophonischen Verbindung könne man den größten Wechsel erzielen, das heißt „den kleinsten Widerstand einer Leitung mittels der denkbar geringsten Einwirkung mechanischer Kraft auf ein Diaphragma, oder selbst ohne ein solches, unendlich zu steigern". Das Wort von Hughes, „mikrophonischer Kontakt", wird gefallen, auch wenn man sich über die Einzelheiten keine volle Rechenschaft geben kann, denn der Ausdruck braucht nur zusammenfassend anzudeuten, daß bestimmte Bedingungen für den beabsichtigten Zweck erfüllt sein müssen, genauere Erforschung müßte vorbehalten bleiben.

Es wird sich für den späteren Vergleich als nützlich erweisen, hier noch schematisch zwei Geber als Beispiele vorzustellen, die längere Zeit viel benutzt wurden, den von Berliner (Boston) (Abb. 17) und den von Blake (England) (Abb. 18). Der erste stammte aus 1877, der zweite war etwas jünger. Beide trugen die nun schon eingebürgerte Membran von Eisen und hatten ganz im Sinne von Hughes als Mikrophon zu arbeiten. Bei dem ersten Geber stützte sich ein bei N lose aufgehängter pendelnder Arm F mit einer Schraube k leicht gegen das Plättchen b

---

[1]) Arch. Post Telegr. 1895, S. 331.

an der Membran E. Die Kontaktstücke konnten dabei von beliebigen, sonst geeigneten Metallen sein, oder auch von Kohle. Im ersten Falle bestand kein Unterschied gegen die eine Ausführung von Reis, das Zusammengehen der Kontaktstücke erfolgte lediglich durch die Schwerkraft, die Trägheit des Pendelchens war maßgebend für die Stromänderungen an der Kontaktstelle, wie bei Reis. Das richtige Arbeiten verlangte natürlich immer die senkrechte Stellung der Membran. — Weniger von der richtigen Lage abhängig war der Geber von Blake. Hier wurde die erhebliche Masse des größeren Kontaktstückes von einer Feder getragen, zur Vermittlung mit der Membran war ein Metallstückchen an einer leichten Feder angeordnet. Es war also ein vereinigter Feder- und Massenkontakt. Die besten Ergebnisse hat der Patentinhaber erhalten bei Anwendung von Kohle an der Übergangs-

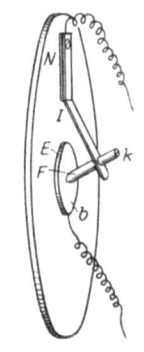

Abb. 17. Geber von Berliner.

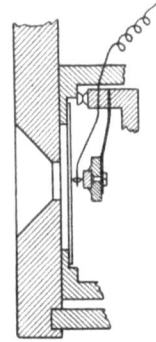

Abb. 18. Geber von Blake.

stelle. Die große Ähnlichkeit mit einer der Ausführungen von Reis liegt auch hier auf der Hand, ebenso die Einordnung in das Gebiet von Hughes.

Vergleichende Darstellung der Kontakt-Telephone.

Das Gemeinsame der vorstehend als Beispiele beschriebenen Geber war immer der veränderliche Kontakt, und die Bezeichnung „Kontakt-Telephone" im Gegensatze zu Bell ist daher gerechtfertigt. Die Betrachtung der einzelnen Formen hat schon ihre Ähnlichkeit ergeben, es ist aber anziehend, sie in dieser Hinsicht noch einmal zusammenfassend zu betrachten. S. Thompson hat das mit Hilfe der Skizzen in Abb. 19 sehr anschaulich gemacht. Er hat alle hier in Betracht kommenden Formen nach einheitlichem Schema dargestellt, so daß die baulichen Unterschiede greifbar

84 Vergleichende Darstellung der Kontakt=Telephone.

hervortreten. Die allen gemeinschaftliche Membran ist immer durch einen einfachen senkrechten Strich angedeutet.

In Skizze 1 der Abb. 19 ist einer der ersten Geber von Reis gekennzeichnet mit dem doppelarmigen, abgefederten kleinen

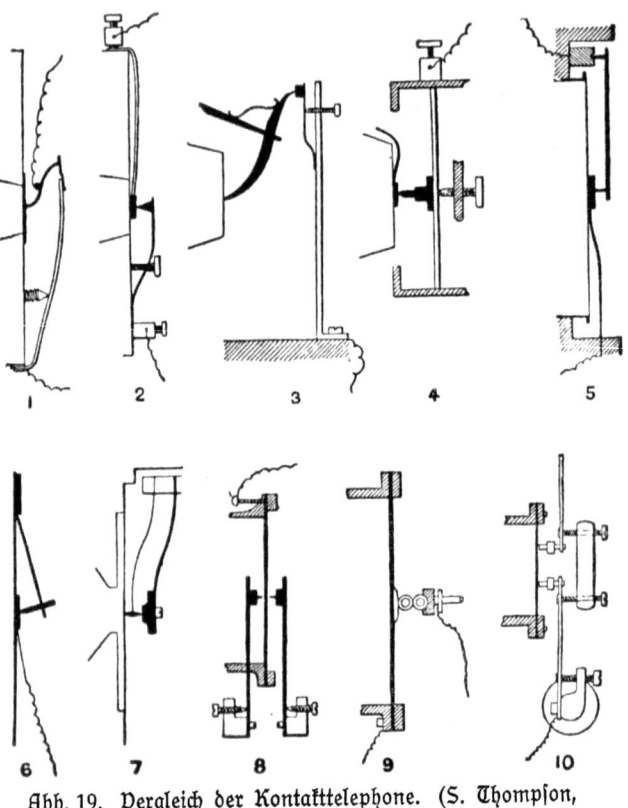

Abb. 19. Vergleich der Kontakttelephone. (S. Thompson, Philipp Reis, ... 1883.)

Hebel und mit Stellschraube. Einfacher ist die Kontaktstelle von Reis unter 2. Der Doppelhebel tritt wieder auf bei 3, hier wird auch die Absicht leichter erkannt, dem Hebel freie Beweglichkeit bei federndem Anlehnen an Membran und Kontaktstück zu belassen. Die Darstellung unter 4 bezieht sich auf eine Ausführungsform, die von anderer Hand skizziert war. Die senkrechte Doppel=

Vergleichende Darstellung der Kontakt-Telephone.

linie ist hier die federnde Lagerung des einen Kontaktstückes. Im ganzen war das wohl Reis' einfachste Form, die aber sehr genaue Einstellung verlangte. Weniger kennzeichnend ist die Form 5 von Reis, da sie das Schema der Anordnung nach Abb. 2 sein soll, die aber eine wagerechte Lage der Membran verlangt, weil zur Vermeidung der immer umständlichen Stellvorrichtung der Kontaktstreifen frei fallend folgen soll. Man muß also bei der Betrachtung dieser Skizze das Blatt um einen rechten Winkel drehen. — Nun folgen die Geber anderer Herkunft. In 6 erkennt man den einfachen Geber mit Schwerkraftkontakt von Berliner, in 7 den Geber von Blake für gleichzeitige Feder- und Massenwirkung. Aus einer Patentschrift von Edison hat Thompson die Skizze 8 entnommen. Hier sind Metallkontakte zu beiden Seiten der Membran vorgesehen. Ein näheres Eingehen auf diesen Versuch Edisons erscheint nicht mehr lohnend. Dagegen hat 9 wieder Bedeutung als Schema für den bewährten Edison-Geber mit Kohlewiderstand, der oben besprochen war. Die letzte Skizze 10 zeigt endlich noch einen Geber Edisons, der die Kontaktteile und Federn doppelt enthält, augenscheinlich aus ähnlichen Gründen, wie sie zum mehrkontaktigen Mikrophon führten.

Die Geber von Reis arbeiten nur mit Metallkontakten, die übrigen zum Teil mit Kohle. Diese ist also nicht unbedingt nötig, erleichtert aber das Arbeiten in hohem Grade. Sonst sind alle vorgeführten Geber offenbar von derselben Familie. Ohne weiteres lassen sich die Geber von Yeates und von Lüdtge in dieselbe Reihe einordnen, die aber damit bei weitem nicht erschöpft wäre. Das Auftreten so vieler Geber, die für verschiedenartig gehalten wurden und doch nach jetziger Kenntnis nahe verwandt waren, kann nicht auffallen, wenn man die noch geringe Einsicht bedenkt, der die verschiedenen Formen ihren Ursprung verdanken. Auch heute ist das Wesen des veränderlichen Kontaktes, auf den alles hinausläuft, noch nicht im einzelnen geklärt, er hat noch etwas Geheimnisvolles, man muß sich mehr auf ein verschwimmendes Empfinden verlassen, als ein scharfes Begreifen aller Einzelteile der ablaufenden Erscheinungen erwarten. In Ermangelung bestimmter Erklärungen sagt Hughes auch nur: „... Diesem leichten oder mikrophonischen Kontakt wohnt die bemerkenswerte Kraft inne, seinen Widerstand und demgemäß auch denjenigen einer elektrischen Leitung zu ändern"[1]. Die übliche Erklärung der Widerstandsänderung von Kohlekontakten durch Druckschwankung will Hughes gegenüber Edison nicht gelten lassen[2]), er zieht bis zu festerer Erkenntnis das vielfach deutbare Wort „mikrophonischer" Kontakt vor. Bemerkenswert ist hier noch sein Ausspruch über Reis: „Ebenso glaube ich, daß die oftmals stattgehabte ganz tadellose Übermittlung einzelner Worte durch Prof. Reis' Apparat auf einer zufälligen Verstellung der Kontakte beruhte, wodurch diese als Mikrophon wirkten. Prof. Reis war seinerzeit unbekannt mit der Kraft und der Wichtigkeit mikrophonischer Verbindungen; andernfalls hätte er sein Telephon sofort zu einem praktisch brauchbaren Apparat umgestalten können." Den mikrophonischen Kontakt genauer zu beschreiben vermochte Hughes nicht, aber das Gesetzmäßige seiner Wirkung erkannt und das Gemeinsame in den verschiedenen Anwendungen nachgewiesen zu haben, ist wohl hinreichendes Verdienst, um Hughes als einen der ersten Mitschöpfer des Telephonwesens anzusehen.

Vergleich der Empfänger.

In ähnlicher Weise wie für die Geber hat S. Thompson auch für die Empfänger eine vergleichende Betrachtung durchgeführt. Sie ist weniger gleichmäßig treffend als die erste, sie enthält aber auch wertvolle Gesichtspunkte und zeugt von dem festen Bestreben, die Entwicklung klarzustellen. Abb. 20, die wieder eine Reihe von schematischen Darstellungen enthält, ist ebenfalls dem Buche von Thompson entnommen.

Die ersten drei Skizzen A, B, C bedeuten Empfänger von Reis. Wie früher schon besprochen, ist Reis nach anderweitigen Versuchen wieder zu seinem ersten Empfänger zurückgekehrt, der auf dem Versuche von Page beruht. Die geringe Lautstärke war zwar ein Hemmnis, dafür zeichnete sich das Gerät durch willigeres Ansprechen und gute Wiedergabe aus. Über die anderen Ver-

---

[1]) Arch. Post Telegr. 1895, S. 331.   [2]) Arch. Post Telegr. 1895, S. 332.

Vergleich der Empfänger. 87

fuchsformen war Reis weniger herr. Die Skizzen A und B stammen von einem früheren Schüler von Reis, E. Horkheimer. Thompson, der ja auch erwähnen muß, eine wie wenig glück= liche Hand Reis für seine Empfänger gehabt habe, kann nichts über die Güte dieser Geräte aussagen. Die Skizzen erlauben auch kein einigermaßen verläßliches Urteil. Dagegen bezieht sich die Skizze C auf den in Abb. 3 wiedergegebenen Empfänger, der vor= geführt ist und gearbeitet hat. Es wird betont, daß die beweg=

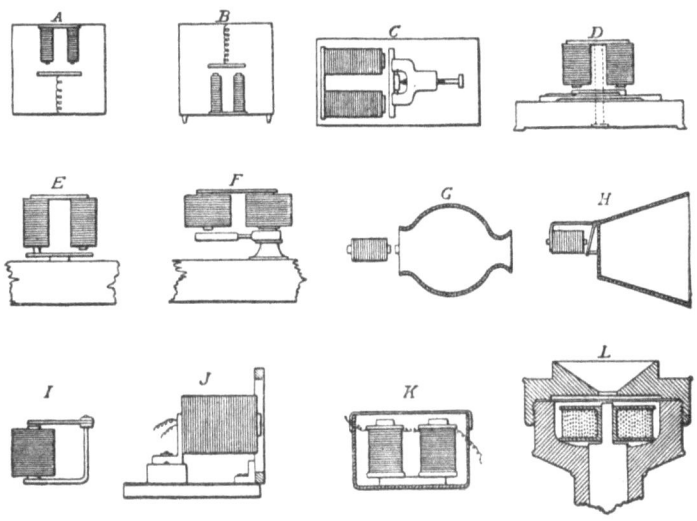

Abb. 20. Vergleich der Empfänger. (S. Thompson.)

lichen Teile leicht und flach gewesen seien. Damit würden sie den auf S. 50 entwickelten Bedingungen mehr oder weniger ent= sprochen haben. Dagegen kann die Stellschraube oben unter dem Drehpunkte des Ankers nur störend (durch Schnarren) gewirkt haben. Man kann hier wie auch sonst häufig den in Frage kom= menden Einrichtungen gegenüber nicht den Eindruck abweisen, als wenn die Schwingungsverhältnisse mechanischer Systeme, ob= wohl seit langem behandelt und festgelegt, doch gerade in ihren einfachen physikalischen Grundlagen noch nicht recht in engver= trauten Besitz der meisten Sachleute gekommen gewesen wären.

Selbst bei S. Thompson fällt auf, daß er, wie schon früher erwähnt, zwar Tatsachen aufstellt, aber eine Begründung oder auch nur eine faßliche Versinnlichung unterläßt. — Mit D ist der Empfänger von Yeates gemeint, in dem eine dünne Flachfeder den Anker bildete. Näheres ist aus der Skizze natürlich nicht zu ersehen, aber auch die sonst zu treffenden genaueren Bilder des Gerätes ermöglichen keine genügende Kenntnisnahme der maßgebenden Verhältnisse. Dagegen wird ja über das gute Arbeiten dieser Anordnung berichtet.

Die folgenden Bildchen geben nun Anordnungen von Bell und Gray wieder, und zwar, des Vergleiches wegen, sowohl Empfänger für die akustische Mehrfachtelegraphie wie für telephonischen Gebrauch. Beide Erfinder befaßten sich ja, mehr als 10 Jahre nach Reis' erster Bekanntgabe, mit dem auswählenden Empfange bestimmter Töne für telegraphische Zwecke und gerieten in währenden Versuchen auf die telephonische Sprachübertragung. Das ist wohl verständlich, da, wie wir wissen, ein und derselbe elektromagnetische Schwinger der einen oder anderen Aufgabe entsprechen kann, sofern er nur in seinen Einzelheiten richtig bemessen wird. Mit E ist ein Empfänger von Gray gemeint, der dem von Yeates unter D im Aufbau ganz entspricht. Gray wollte damit einen Einton-Empfänger schaffen, ohne seine Absicht näherte er sich aber dem Wesen des D-Empfängers. Das Ineinanderübergehen war hier in der Tat schwer zu vermeiden. Gray baute deshalb einen Empfänger nach Skizze F. Hier ist ziemlich verständlich ein massiger Anker an schwanker Feder angedeutet, und man empfindet schon, daß es sich hier um ein Gerät für einen einzelnen Ton handelt. Weniger deutlich tritt das hervor bei dem Empfänger I für den gleichen Zweck von Bell. — Im sichtlichen Gegensatze dazu sind telephonische Empfänger als solche gleich durch eine dünne Membran gekennzeichnet, wenigstens macht sich das deutlich erkennbar bei G, dem Gray-Telephon, und einem von Bell bei J. Dessen zunächst verwendete Form nach seiner Patentschrift ist in der Skizze H zu sehen. In der Skizze deutet sich schon der Fehler dieses Empfängers an, die zu große schwingende Masse der unnötigen Zwischenglieder. Die daraus hervorgegangene end=

Vergleich der Empfänger.

gültige Form ist bei L dargestellt. K ist die Andeutung eines Telephonempfängers von Edison, eine gedrungene Anordnung in ganz geschlossener Büchse mit elastischem Deckel, ohne erkennbare Vorzüge, wahrscheinlich aber vollkommen brauchbar. — Mit Recht hebt Thompson als das Gemeinsame der nach Reis aufgetretenen Empfänger die ausgedehnte Membran hervor, und zwar die elastische Membran von Eisen. Sie war die unter langen Mühen gefundene einfachste Grundform, die, wie wir jetzt wissen, geringe Masse, große Rückstellkraft, Dämpfung und wirksame Schallabgabe in sich vereinigte. Sie schloß das ein, was über den Empfänger von Reis hinausging. In diesem Zusammenhange faßt Thompson sein Urteil über Bells Leistung etwa dahin zusammen: Er erkannte, daß zwei Empfänger durch Induktion verkehren können. Freilich mußte dazu wohl noch der Ersatz der Batterie durch den Dauermagneten kommen, um die Bestimmung des Bell-Telephones zu erfüllen, die Eroberung der Welt für das Fernsprechen überhaupt im Sturm einzuleiten. — Das ist im wesentlichen dieselbe Auffassung, die wir auch aus den übrigen Quellen und Tatsachen schöpfen mußten.

Am Schlusse der vorstehenden Übersicht ist der Vollständigkeit wegen noch ein kurzer Blick auf die weitere Entwicklung des Gray-Telephones zu werfen. Die ferneren Formen von Gray waren für die technische Entwicklung belanglos, so wichtig auch das Patent von Gray als solches in den Streitigkeiten mit der Bell-Gesellschaft für die Beteiligten gewesen ist.

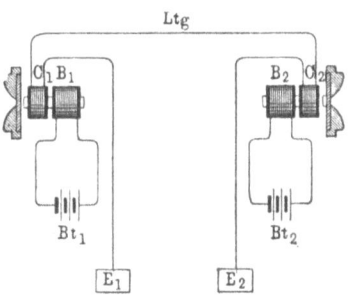

Abb. 21. Grays Telephon, spätere Form. (Karraß, Geschichte der Telegraphie.)

Eine Sprechanlage mit Flüssigkeitskontakt nach Abb. 6, wie sie Gray zuerst entwarf, konnte aus naheliegenden Gründen für den Dauergebrauch nicht genügen, so gut sie auch in der Hand des Kundigen arbeiten mochte. Gray ist deshalb bald zu der Anordnung nach Abb. 21 übergegangen. Hier gaben die Spulen $B_1 B_2$

auf den Eisenkernen die magnetische Vorspannung, während die Gleichheit auf beiden Seiten und die Induktionsspulen $C_1 C_2$ die starke Annäherung an Bell bekundeten. Mit dem Ersatze der Lokalbatterien und zugehörigen Spulen durch Dauermagnete war die volle Gleichheit mit den Grundlagen der Bell-Telephone hergestellt.

In den vorhergehenden Abschnitten sind die wichtigsten Schritte geschildert, die zur Ausbildung des Telephones bis zur Brauchbarkeit für den öffentlichen Dienst führten. Um die Übersicht nicht zu erschweren, sind dabei manche Erscheinungen vorläufig unerwähnt geblieben, die zeitlich ihren Platz in der Entwicklungsreihe hätten, aber nicht zu dauernder Bedeutung gelangt sind. Einiges davon ist, als immerhin bemerkenswert, nun nachzutragen, wobei auch hier und da auf den ferneren Entwicklungsgang eingegangen werden soll. An eine Vollständigkeit ist hier natürlich nicht entfernt zu denken. Das Wesen der behandelten Geräte war ja ebenso anziehend für die Erfinderlust wie anreizend für die Patentsucht. Es entstanden deshalb zahlreiche Formen, die Anspruch auf Beachtung machten. Wie bisher überhaupt, werden bei der Besprechung Drucksachen über Patente nur als Quellen für den technischen Inhalt dienen, um wesentlichere Gegenstände soweit klarzulegen, daß dem Leser je nach seinem technischen Empfinden ein Urteil ermöglicht wird. Manche hierher gehörenden Erfindungen oder wenigstens Neuerungen, die bei den späteren Patentprozessen als Vorwegnahmen der angefochtenen Ansprüche auftreten, werden im Zusammenhange mit diesen Streitigkeiten behandelt werden. Das mancherlei Fremdartige, außerhalb der wissenschaftlich-technischen Tätigkeit liegende, das die juristischen Verfahren in Erfindungssachen immer mit sich bringen, läßt die gekennzeichnete Einteilung zweckmäßig erscheinen.

Weitere Entwicklung des Telephones.

Auf wenige der Zeitgenossen wird wohl die Kunde aus Amerika über die neue Telephonart einen größeren Eindruck gemacht haben als auf Werner Siemens. Die ersten Bell-Telephone kamen im Herbst 1877 nach Deutschland, und man erzählt, ein seinerzeit in Berlin wohlbekannter Schriftsteller habe Werner Siemens in begreiflicher Verdrießlichkeit darüber getroffen, daß ihm Bell zuvorgekommen sei, während er schon dicht vor der Lösung der Aufgabe gestanden habe. Das ist auch deshalb wahrscheinlich, weil sich Werner Siemens schon lange mit Gedanken von Schwingungserscheinungen der hier fraglichen Art getragen haben muß. Die Vorlesung „Über Telephonie", die er schon am 21. Januar 1878 vor der Akademie der Wissenschaften hielt, kann nicht gut in allen Teilen das Erzeugnis der letzten vorhergehenden Monate sein. Die 13 Seiten lange Arbeit[1]) ist wohl die erste nach Bekanntwerden des Bell=Telephones in Deutschland erschienene wirkliche Würdigung gewesen und macht mit ihrer Einfachheit und Klarheit in der Behandlung der grundlegenden Fragen gegenüber vielem sonstigen Schrifttume über den Gegenstand von damals einen höchst wohltuenden Eindruck. (Siehe Anhang 2.)

Es muß bemerkt werden, daß die Vorlesung noch vor der Bekanntgabe der Arbeit von Hughes stattfand, der allgemeine Begriff des Mikrophones also noch nicht aufgestellt war. Trotzdem nun auch alle Welt noch unter dem Einflusse der unübertrefflichen Einfachheit des Bell=Telephones stand, hielt Werner Siemens doch schon damals den von Reis betretenen Weg, die Energie zur Übertragung einer besonderen Quelle zu entnehmen, für aussichtsvoller, wie schon früher erwähnt. Das hat sich ja auch vollständig bestätigt. Wahrscheinlich aus diesem Grunde erwähnt Werner Siemens ausführlich einen eigenartigen Empfänger von Edison, der jetzt freilich viel zu umständlich erscheint, für Werner Siemens aber auch durch die Neuheit der Hilfsmittel bemerkenswert war. Der Strom muß an der Empfangsstelle zwischen zwei Metallstücken durch ein mit leitender Flüssigkeit getränktes Papierband gehen. Das eine Metallstück, eine stumpfe Spitze, drückt das Papier leicht federnd gegen das andere größere Metallstück. Wird das Papier durchgezogen, so erfährt die Spitze durch die Reibung eine kleine Kraft in der Zugrichtung. Diese Kraft wird von einer anderen Feder aufgenommen, die dabei

---

[1]) Siemens, Werner: Wissensch. u. Techn. Arbeiten. Bd. 2, S. 353ff.

also eine gewisse Ausweichung zeigt. Die Reibungskraft wird aber bei Stromdurchgang erfahrungsgemäß vermindert, Wellenströme bewirken also ein entsprechendes Schwingen der Spitze, das bei sonst akustisch günstiger Einrichtung hörbar wird. Zwecks Bewegung des Papierbandes war das metallene Gegenstück zu einer Walze ausgebildet, die in Drehung zu erhalten war. Werner Siemens hat die Erscheinung bestätigt gefunden und ist namentlich überrascht gewesen, mit welcher Schnelligkeit die Wirkung auch bei sehr schwachen Strömen eintritt. Zweifellos ist die Erscheinung elektrolytischer Natur. Bedenklich für den Empfänger wäre immer das Arbeiten mit einem ausgedehnten feuchten Leiter geblieben, der noch viel unbequemer gewesen sein müßte als die Flüssigkeitsstrecke von Yeates und von Gray. Weder in der Telegraphie noch in der Telephonie haben sich, wie neuere Erfahrungen wieder zeigten, solche elektrolytischen Hilfsmittel dauernd einzuführen vermocht. Dazu wäre im vorliegenden Falle noch die besondere Umständlichkeit der Walzendrehung gekommen. Unter diesen Umständen hätte die Einrichtung von Edison zum Ausgleich schon ganz bedeutsame Überlegenheit in der Leistung haben müssen, um Aussicht auf Anwendung zu haben. Als Beispiel der Vielseitigkeit der Mittel in der Telephonie wird aber der Vorschlag von Edison auch heute noch erwähnenswert sein.

Die Leistungen des Gerätes von Bell erschienen Werner Siemens natürlich noch wenig befriedigend, so anerkennend er sich auch über den glücklichen Gedanken Bells äußert, die Induktion für die Übertragung in Dienst zu nehmen. Er hat mit ganz einfachen Versuchen, die er kurz beschreibt, wenigstens Anhaltspunkte für die Stärke der im Telephon tätigen Ströme und über den Wirkungsgrad der ganzen Einrichtung gewonnen und festgestellt, wie außerordentlich wenig bei dem bisherigen Gerät von der aufgegebenen Energie=(Schallmasse) am Bestimmungsorte ankommt. Er bemüht sich daher vorerst, den einzelnen Gliedern der Anlage eine gesteigerte Wirksamkeit zu geben. Seine Form des Bell=Telephones, die bis heute ganz allgemein als Empfänger dient, ist schon in Abb. 10 wiedergegeben. Merkwürdig übrigens, wie auch auf dem Gebiete der elektrischen Maschinen

Weitere Entwicklung des Telephones. 93

eine ähnliche festumschriebene Einzelheit, der Doppel=T=Anker, gewissermaßen symbolisch das Andenken an unseren volkstümlichsten Elektrotechniker dauernd verkörpert.

Zur Begründung einer weiteren Neuerung in der Richtung von Bell werden in der Vorlesung kurz die Anforderungen an die Membran erörtert. Die anfängliche Annahme, die akustische Wirkung des Telephones einfach durch Vergrößerung seiner Abmessungen steigern zu können, hatte sich ja schnell als unrichtig erwiesen. Die in der Membranschwingung angesammelte Bewegungsenergie muß möglichst durch die Arbeit für die Ströme verbraucht werden, damit die Membranschwingung aperiodisch wird. Die Membran muß dazu genügende Ausweichungen erhalten. Eine Vergrößerung der Bellschen Membran über ein beschränktes Maß hinaus kann dabei nicht dienlich sein, weil die Schwingungen solcher Platten sich nicht zuverlässig beherrschen lassen, und Eigenschwingungen die Deutlichkeit stören. Das würde auch durch eine zu große einseitige Magnetkraft eintreten. Diese zu vermeiden und doch für die

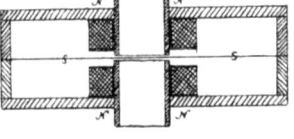

Abb. 22. Telephon von Werner Siemens mit Doppelwirkung. D.R.P. 2355.

Schwingungen reichlichen Zug aufzuwenden, war die Bestimmung des Telephones Abb. 22[1]). Zwei muschelartig zusammengelegte Schalen aus hartem Stahl sind so magnetisiert, daß sie, im Sinne der angedeuteten Polaritäten, mit den eingesetzten kurzen Rohrstücken aus Eisen und der zwischen diesen schwingenden Membran nach heutiger Ausdrucksweise geschlossene magnetische Kreise bilden. Bei völliger Symmetrie der Hälften wird die Membran keinen Zug nach oben oder unten erfahren. Sobald aber in den Erregerwicklungen Telephonströme kreisen, wird bei entsprechender Schaltung das magnetische Feld auf der einen Seite der Membran verstärkt, auf der anderen geschwächt. Wie leicht zu erkennen, wird so die Einwirkung der Ströme auf die Membran viel ausgiebiger sein, als bei dem gewöhnlichen Bell=Telephone. Die Rohrenden dienen ersichtlich als Schallöffnungen. Die in der Abb. 22 grundsätzlich

---
[1]) Aus der Patentschrift 2355 v. 14. Dezember 1877.

dargestellte Form ist vieler Abwandlungen fähig und ist auch für den Betrieb von Anrufglocken benutzt.

Trotz bedeutender Erhöhung der Leistung genügte indessen dieses Telephon dem Urheber noch nicht, weil die Eisenmembran unvermeidlich an enge Grenzen bindet, sowohl in ihrer Größe, also in ihrer Aufnahmefähigkeit für den Schall, als hinsichtlich des wirksamen magnetischen Feldes, das bei zu großen Werten die Sprechlaute undeutlich macht. Werner Siemens ging daher zu einer Bauweise über, deren einfachste Urform in einem elastischen oder irgendwie schwingungsmöglich gehaltenen Leiter in einem starken magnetischen Felde besteht. Diese Anordnung hat ja auch bei feinen Meßgeräten Anwendung gefunden. Um nun vor allem einen Geber von großer Leistung zu erhalten, ist auf die schwingende Eisenmembran ganz verzichtet. An ihrer Stelle wird eine viel größere Membran aus Pergamentpapier verwendet. Da die Bedenken gegen diese Abmessungen doch auch bei dem andersartigen Stoffe teilweise zutreffen mußten, so wurde auf den Rat von Helmholtz für die neue Membran die Form des Trommelfelles im Ohre gewählt, die nicht eben ist, sondern in der Mitte eingestülpt, also vom Rande aus nach innen zunehmend abfallend. Der Grund für die tatsächliche Bewährung dieser Membran ganz im Sinne der Absicht ist in der hauptsächlich in den Randteilen erfolgenden Durchbiegung zu suchen, wie nach der Querschnittform ja auch sehr wahrscheinlich ist. So konnte nun die Membran mit 20 cm einen rund viermal größeren Durchmesser erhalten als im Bell=Telephone. Dem entsprechen die übrigen Abmessungen. Abb. 23 gibt einen Längsschnitt[1]). Das Ganze stellte sich dar als ein Topfmagnet, also als Elektromagnet mit innerer Erregerwicklung, durch die sich das verhältnismäßig starke, telephonisch wirksame, ringförmige magnetische Feld auf der einen Seite zwischen dem Mantel und dem mittleren Stiele ausbildet. In diesem Felde schwebt, gehalten von den inneren Membranteilen, der Leiter, der, entsprechend der Form des Feldes und zur angemessenen Steigerung seiner Wirkung, eine zylindrische Spule

---

[1]) Dieses elektrodynamische Telephon befindet sich im Siemens=Museum in Siemensstadt.

Weitere Entwicklung des Telephones.

mit vielen Windungen bildet. Sie hat 25 mm Durchmesser bei 10 mm Höhe und 5 mm Dicke. — Als Geber hat dieses Telephon alle Erwartungen erfüllt. Es überträgt mit befriedigender Stärke alle in einem Zimmer an beliebiger Stelle entstehenden Laute. Bemerkenswert war dem Urheber auch die große Reinheit und Klarheit der übertragenen Sprechlaute und Töne. Er schiebt das zum Teil auf die zweckmäßige Membranform, aber auch auf die Art der Induktion des Leiters in dem gleichmäßigen, eisenfreien Felde. Wie der Urheber selbst erwähnt, würde man durch eine von außen der Spule aufgedrückte schwingende Bewegung in

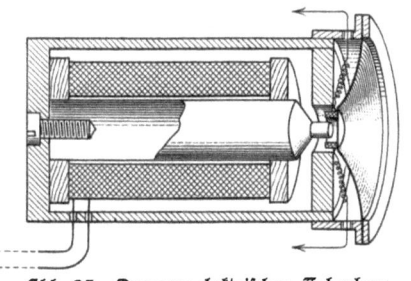

Abb. 23. Dynamoelektrisches Telephon von Werner Siemens.   Ohrtelephon.

ihren Windungen einen regelmäßigen sinusoiden Wechselstrom erhalten. Dahinzielende Überlegungen haben ihn auch, wie hier hinzugefügt sein mag, im Hinblick auf Wechselstromgeneratoren beschäftigt und zu größeren Versuchen veranlaßt. Noch erhaltene Maschinen aus der Zeit geben davon Kunde. So gingen Anschauungen und Erfahrungen von zwei ganz verschiedenen Gebieten ineinander über, und man wird, wie offenbar auch Werner Siemens tat, gewisse störende Erscheinungen, wie Verzerrung der Kurvenform, an Wechselstrommaschinen mit nicht eisenfreiem Anker auch bei Telephonen mit Eisenmembran als Ursache mancher Hemmungen ansehen dürfen. — Als Empfänger, so berichtet die Vorlesung noch, eignet sich das beschriebene Telephon weniger. Es sei auch allgemein zweckmäßig, mit stärkeren Gebern bei leichteren und zarteren Empfängern zu arbeiten. Denn zu kräftige Empfänger müssen rückwirkend die bewegenden Ströme schwächen und wieder die Wellen verzerren, wodurch die Sprache undeutlich werde und fremde Klangfarbe annähme.

Mehr als einen lehrhaften Wert hätte das beschriebene Großtelephon nur für besondere Zwecke haben können. Es wog etwa 33,2 kg, und dieses Gewicht allein schon mußte den allgemeinen Gebrauch im jetzigen Sinne ausschließen. Der Gegensatz zwischen dem Großtelephon und dem im selben Maßstabe mitgezeichneten, seitdem entstandenen und vielfach (für Schwerhörige) gebrauchten sogenannten Ohrtelephon, mit etwa 5 mm Membrandurchmesser, ist drastisch genug. Die Bestrebungen zum Erzielen größerer Reichweite für Telephone nahmen aber auch sehr bald danach eine andere Richtung. Die Steigerung der Geberleistung konnte nach allgemeiner Erkenntnis der Mikrophonwirkung nur noch in dieser gesucht werden. In der von einem Diktator beherrschten Stromquelle empfand ja Werner Siemens selbst die zukünftige Entwicklung. Dadurch und durch einen anderen Umstand von entscheidender Wichtigkeit wurde die Weiterbildung der eben beschriebenen beiden Telephonarten gegenstandslos. Sie waren aber gerade in ihrem Gegensatze zu den bisherigen Formen auffallend und belehrend und somit zwar bald wieder verschwindende, aber wirksame Glieder der Entwicklung. So muß man auch die ganze Vorlesung bezeichnen, die, gehalten wenige Monate nach dem Erscheinen des Bell=Telephones in Europa, schon faßlich über grundlegende Fragen der Telephonie überhaupt berichtet und sich nicht nur auf das verwendete Gerät im engeren Sinne beschränkt, sondern auch sein Zusammenwirken mit den Linienleitungen untersucht. Deshalb folgen auf Betrachtungen über die Klangfarbe bei Telephonen, Versuche und Schätzungen wegen der übertragenen Schallstärke, Bemerkungen über die zweckmäßige Benutzung des Telephones als Galvanoskop für veränderliche schwache Ströme (Telephon=Meßbrücke) u. a. m., auch Erfahrungen über die telephonischen Störungen an oberirdischen und unterirdischen Leitungen mit Ausblicken auf die künftige Bedeutung der Kabel für die Telephonie, die Maßnahmen zum Abschwächen der elektrostatischen Induktion durch Umhüllen der einzelnen isolierten Leiter mit Stanniolbelegungen bei einfachen Verfahren zum prüfen der Wirkung, Überlegungen und Ergebnisse, die in neuerer Zeit eine immer größere Bedeutung gewonnen haben. Die Vorlesung kann freilich nur das enthalten, was bei ihrem Entstehen schon Besitz war, sie kann aber trotz der schon bald darauf erfolgten wesentlichen Fortschritte noch heute zur Einführung in das Gebiet und als Beispiel ebenso schlichter wie lebhafter Mitteilung schwieriger Denkergebnisse dienen. — Bemerkenswert ist andererseits noch, wie zurückhaltend sich Werner Siemens in der Kontaktfrage ausspricht. Sie stellte sich ihm damals noch dar lediglich in der von Edison versuchten Form des Gebers mit Kohlepulver, und er hatte Bedenken, ob das ein Stoff sei und ob es überhaupt einen solchen gäbe, der das gleichmäßige und sichere Arbeiten verbürge, so aussichtsvoll ihm auch sonst die Idee Edisons erschien. Seine eigenen Versuche mit Kohle hätten vorläufig noch keinen befriedigenden Erfolg gehabt. Diese Bedenken sind ja bald durch die Erfahrung behoben. Das ließ sich damals wohl erhoffen, aber nicht ohne weiteres voraussehen. Die ganze Kontaktfrage ist heute noch so wenig geklärt, daß man immer noch auf die unmittelbare Erfahrung angewiesen ist[1]).

Einzug des Transformators in die Telephonie.

Die tiefgehende Wendung in der Telephonie, auf die eben hingedeutet wurde, bestand in der Einführung des Transformators zum wirtschaftlichen Erzeugen von Linienströmen geeigneter Spannung. — Die Überlegenheit der Sprechanlagen mit Mikrophon zum Steuern des Fremdstromes wurde immer fühlbarer. Zu seiner Erzeugung kam nur eine galvanische Batterie in Frage, die mit Hilfe des Mikrophones wellenförmigen Gleichstrom liefert. Die Klemmenspannung ist nach dem Widerstande der Linie zu bemessen, der aber bald erheblich anwächst. Für 10 km Länge wird der Widerstand gebräuchlichen Stahldrahtes schon über 500 Ohm. Andererseits erfordert das Mikrophon, das gewöhnlich nur einen Widerstand von wenigen Ohm hat, eine gewisse

---

[1]) Vgl. u. a. Ragnar Holm: „Über Kontaktwiderstände besonders bei Kohlekontakten". Z. techn. Phys. 1922, S. 290, 320, 349.

Stromstärke zum günstigen Arbeiten. Diese Tatsache erscheint bei der Eigenart des mikrophonischen Kontaktes zuerst befremdlich. Im vorliegenden Falle müßte man etwa 100 Volt Klemmenspannung geben, um noch genügenden Strom an der Empfangsstelle zu haben, also 70—100 der üblichen Elemente. Dazu müßten die einzelnen Batterien den verschiedenen Widerständen der Linien angepaßt sein, jeder Stromkreis verlangte seine besondere umständliche Regelung. Diese Umstände waren ersichtlich eine starke Beengung in der Anwendung des Telephones, und ohne ihre Behebung hätte das Telephon überhaupt nicht zu seiner heutigen Bedeutung kommen können. Das Mittel dazu boten die sogenannten Induktionsapparate, die, meist für ärztliche Zwecke bestimmt, oft auch nur als Spielerei benutzt, früher in zahlreichen Formen und Größen feilgehalten wurden. Gespeist von einer galvanischen Batterie erzeugten diese kleinen Geräte mit Hilfe eines Selbstunterbrechers, Wagnerschen Hammers, annähernd wellenförmigen Gleichstrom, der in einer inneren Wicklung I einen Eisenkern umfloß und vermöge seiner Schwankungen in einer äußeren Wicklung Wechselstrom induzierte. In bekannter Weise konnte durch entsprechende Wahl der Wicklungen die Spannung in dem zweiten Stromkreise beliebig gesteigert werden. Unter Wegfall des Selbstunterbrechers wird nun die innere Wicklung von dickerem Draht in den Stromkreis des Mikrophones geschaltet, während die dünndrähtige Wicklung II den Linienstromkreis versorgt. Wiewohl die Telephonschaltungen hier im allgemeinen außerhalb der Betrachtung bleiben, ist doch der besseren Übersicht wegen in Abb. 24 schematisch die Schaltung zweier verbundener Telephonstellen dargestellt, allerdings in einfachster Form, da die Anrufeinrichtung weggelassen ist. Die beiden Stationen sind also körperlich ganz getrennt voneinander und nur induktiv gekuppelt, durch richtige Wahl der Windungszahlen der Spulen I und II sind die zweckmäßigen Spannungsverhältnisse herzustellen. Man kann so aus einem oder wenigen Elementen erstens die niedrige Spannung für das Mikrophon entnehmen, damit hier die erfahrungsgemäß günstigste Stromstärke von vielleicht 0,2 Ampere entsteht. Gleichzeitig steht aber eine

Einzug des Transformators in die Telephonie.

30=, 50= oder 100fach größere, überhaupt beliebige Spannung für die Übertragung zur Verfügung. Das erlaubt eine leichtere Überwindung des Linienwiderstandes und ermöglicht das Überbrücken größerer Abstände, gibt also vor allem eine große Freiheit in Entwurf und Ausführung von Telephonanlagen, die ebenso wesentlich für die Entwicklung war wie die Verbesserung der Sprechgeräte selbst. — Auch die Größenordnung der üblichen kleinen „Induktionsapparate" paßte schon annähernd für die Telephonie, die „Induktionsrollen", wie sie hier benannt werden, sind in

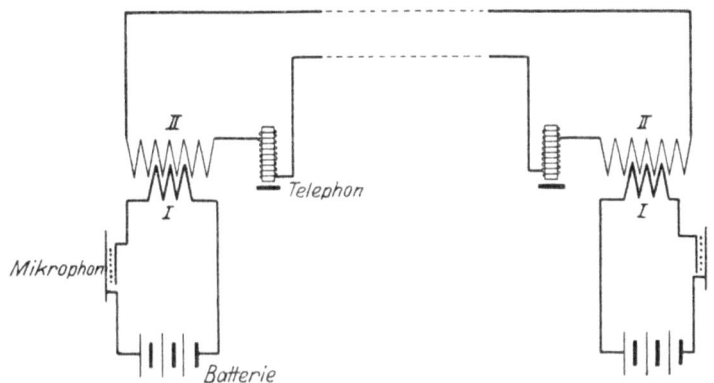

Abb. 24. Zwei Telephonstellen mit Induktionsspulen.

der Tat fingerlange, dickere Walzen, die leicht in dem Gehäuse für die übrigen Schaltgeräte unterzubringen sind.

Dieses wichtige Hilfsmittel zum Übertragen elektrischer Wellenströme soll zuerst Elisha Gray 1874 für seinen harmonischen Mehrfachtelegraphen benutzt haben. Auf die eigentliche Telephonie hat es wohl zuerst Edison 1878 übertragen[1]) und im Zusammenhange mit seinem Kohletelephon verwendet. Die „Induktionsspule" ist natürlich genau das, was in der Starkstromtechnik „Transformator" genannt wird, beide Geräte sind aus den gleichen Gesichtspunkten entstanden. Die ausgedehnte Verteilung der kleinsten elektrischen Leistungen und der größten erfolgt durch dasselbe Mittel. In der Ausführung bestand allerdings

---

[1]) Preece and Maier: The Telephone. S. 35. New York 1889.

längere Zeit ein Unterschied, denn anders als der Transformator behielt zunächst die Induktionsspule infolge der hohen Frequenz der Telephonströme den offenen magnetischen Eisenweg bei¹). Es ist übrigens später gelungen, Mikrophone für größeren Widerstand zu bauen und damit in Anlagen für Zentralbatterie den Transformator entbehrlich zu machen.

Einen eigentümlichen Einfluß übte die Induktionsspule noch auf das Empfangstelephon aus, es hat dafür das Bell=Telephon gerettet, ohne daß dieses aber dabei eigentlich ein solches geblieben wäre. Das Bell=Telephon mußte von vornherein ein magnetisches Feld haben, damit es unter der Wirkung der schwingenden Membran Wellenströme erzeugen konnte. Es hat also, wie schon mehrfach erwähnt, eine gewisse „magnetische Vorspannung" an der Membran, die bei dem Telephon nach Abb. 22 aus guten Gründen gerade vermieden werden sollte. Als Empfänger könnte mit dem Bell=Geber grundsätzlich auch ein einfacher Elektromagnet zusammen arbeiten. Ein solcher würde ebenfalls für Mikrophonströme genügen. Wenn in diesem Falle aber zwischen Mikrophon und Empfänger eine Induktionsspule geschaltet wird, so tritt eine Störung ein, die sich an Hand der Abb. 25 verstehen läßt:

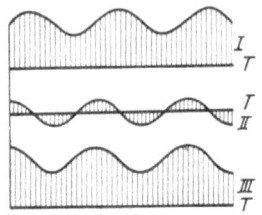

Abb. 25. Strombilder im Empfänger mit magnetischer Vorspannung.

Die Kurve I stelle den augenblicklich im Mikrophonkreise, also auch in der zugehörigen Wicklung I der Induktionsspule herrschenden wellenförmigen Gleichstrom dar, der über der Zeitlinie T verläuft. So regelmäßig, wie gezeichnet, wird die Kurve bei der Art ihres Entstehens natürlich nicht sein, das hat aber auf die folgende Erwägung keinen Einfluß. Die Linie I kann auch das jeweilige magnetische Feld bedeuten, die zu= und abnehmenden Ordinaten über der Linie T zeigen das schwankende Feld, das aber immer gleichen Sinnes bleibt. In der Wicklung II der Induktionsspule erzeugt nun das wellenförmige Feld eine aus-

---

¹) Vgl. S. Schüler: Geschichte des Transformators. ETZ. 1917, S. 185 ff.

Einzug des Transformators in die Telephonie.

geprägte Wechselspannung von doppelter Frequenz, wie Kurve II in beliebigem Maßstabe zeigt. Denn einer Abnahme des induzierenden Feldes nach Kurve I entspricht eine Spannung im negativen Sinne und umgekehrt. Der entstehende Strom wird eine mehr oder weniger große Phasenverschiebung gegen die Spannung erleiden, davon darf aber hier abgesehen werden, da es nur auf die Frequenz ankommt. Kurve II könnte also auch den in den Telephonen und Leitungen kreisenden Wechselstrom oder dessen Feld vorstellen. Besäße nun der Empfänger einen einfachen, also neutralen Elektromagneten, so würde seine Membran ebenso von den positiven wie von den negativen Kraftwellen angezogen werden, also die doppelte Frequenz von I haben oder alle ankommenden Töne um eine Oktave erhöhen. Verwendet man aber als Empfänger ein Bell=Telephon mit magnetischer Vorspannung, so ändert sich das Feld nur als Abnahme und Zunahme, behält aber immer denselben Sinn. So entsteht die gleiche Frequenz des Feldes nach Kurve III, wie nach I, oder die Übereinstimmung zwischen dem Mikrophonsender und dem Empfänger mit Vorspannung. Diese ist also, wenn nicht notwendig, so doch aus naheliegenden Gründen sehr erwünscht. Deshalb ist allgemein das Bell=Telephon als Empfänger beibehalten, wiewohl es gar nicht mehr mit Induktionsströmen im Sinne Bells arbeitet.

Noch ein anderer wichtiger Grund hat den Empfänger nach Bell im Gebrauche erhalten, er spricht nämlich wesentlich lauter und deutlicher als ein Empfänger mit einfachem Elektromagnet ohne Vorspannung. Der Grund für diese Tatsache hat sich bald finden lassen. Schwankungen der Felddichte zwischen den Polen und der Membran bleiben gleich, ob Vorspannung besteht oder nicht (die Magnetisierungslinie sei hier der Einfachheit wegen als Gerade angenommen). Die magnetische Zugkraft aber ist verhältnisgleich dem Quadrat der Felddichte. Das ist von Maxwell streng abgeleitet, durch viele Erfahrungen bestätigt und läßt sich in folgender Art versinnlichen: Stellt man sich den wirksamen Magnetismus der Pole als Belegung mit magnetischer Masse vor, so entspricht die Zugkraft offenbar dem Produkte von Belegung und Felddichte. Diese Felddichte ist selbst aber eine Folge der magne=

tischen Belegung, deshalb wird das genannte Produkt zu dem Quadrat der Felddichte. Also werden die Unterschiede in der Zugkraft der Pole, die für die Wirkung der Membran maßgebend sind, um so größer, bei je höheren Felddichten sich dieselben Schwankungen der Wellenströme vollziehen.

Verschiedene Telephonarten.

Auf dem Wege, der das Telephon zu vorläufigem Abschlusse brachte und es für den öffentlichen Dienst geeignet machte, ist es, wie der Reiz des Gegenstandes und die praktische Bedeutung von selbst erklärt, von zahlreichen Bemühungen begleitet gewesen, die mit anderen Mitteln Eigenartiges zu erzielen suchten. So sind eine große Anzahl abweichender Formen bekannt geworden, die keinen wirklichen Fortschritt bedeuteten, aber doch gelegentlich durch Hinweis auf neue Möglichkeiten anregend wirken konnten und jedenfalls kennzeichnend für die geistige Bewegung in der fraglichen Zeit auf diesem Gebiete sind. Das macht auch solche Erscheinungen lehrhaft, die keinen größeren Erfolg gehabt haben, der ohnehin bei der Art des Telephonbetriebes nur wenigen zuteil werden konnte. Einige Beispiele dazu werden deshalb willkommen sein, sie könnten ja auch hier und da Keime zu späteren Wandlungen einschließen.

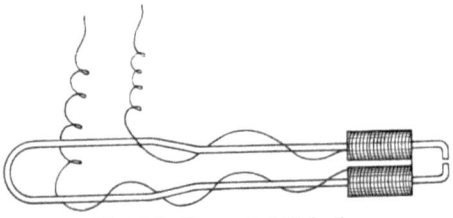

Abb. 26. Haarnadel=Telephon.

Wie sich die Telephongeschichte in Gegensätzen bewegte, hat schon die Abb. 23 gezeigt. Noch sprechender ist die Gegenüberstellung des großen Telephones mit dem in natürlicher Größe durch Abb. 26 dargestellten Telephon. Die Ehre dieser Benennung wird man dem unscheinbaren und fragwürdigen Gerät nur zögernd antun. Es ist aber wirklich ein Empfänger, das Haarnadel=Telephon, nicht nur seiner Form wegen, sondern weil tatsächlich eine schlichte Haarnadel den Kern des Bauwerkes bildet. Nur sind die Enden gegeneinander gebogen, und gleich hinter ihnen tragen die

Verschiedene Telephonarten.

Zinken Wicklungen aus ganz feinem isolierten Drahte. Dieses einfachste und wohlfeilste aller Telephone wurde noch in den 80er Jahren von Karl Frischen, dem bekannten Oberingenieur von Siemens & Halske, aus dem Stegreife geschaffen und wird in den Gehörgang des Ohres eingeführt, um hier klar und rein hörbar zu werden. Es wird also eigentlich erst im Ohre zu einem vollständigen Telephon, denn die Wände des Gehörganges werden bei der Lautentstehung mitspielen müssen, auch wirken vielleicht die Härchen im Ohre und andere kleine Widerstände mit dämpfend, also die aperiodische Bewegung der Zinken begünstigend. — Das unscheinbare Gerät kann übrigens zu manchen tieferen Betrachtungen Anlaß geben. Zunächst ist es ein Beispiel des membranlosen Telephones. Ferner würde man beim bloßen Ansehen nicht entscheiden können, ob man es mit einem Sprechtelephon oder mit einer harmonisch schwingenden Stimmgabel zu tun habe, wie sie die mehrfach gekennzeichnete Vielfachtelegraphie verlangt. Auch der geübte Blick wird sich erst durch den Versuch überzeugen können, zu welcher der beiden früher besprochenen Klassen von elektrisch betätigten Schwingungskörpern das Haarnadel-Telephon gehört. Man könnte an ihm studieren, welche Bedingungen gegeben sein müssen, um einen Wechsel von der einen zur anderen Klasse herbeizuführen.

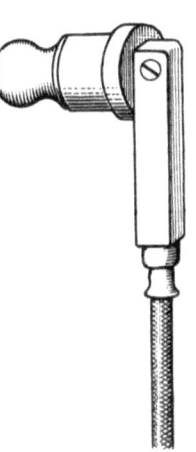

Abb. 27. Ohrtelephon von Siemens & Halske, nat. Gr.

Später hat sich die Form des Kleintelephones vervollkommnen müssen. Das schon in Abb. 23 angedeutete Telephon für Schwerhörige nach Abb. 27 und 28 wird ebenfalls ins Ohr gesteckt, hat aber, wie die normalen Bell-Telephone auch, eine Membran von entsprechend kleinem Durchmesser (etwa 5 mm). Wunderbar, wie eine so kleine Membran mit ihren mikroskopischen Schwingungen noch genügend deutlich reden kann! Die Nähe der Membran zum Trommelfell macht allerdings die Verluste an Schallenergie so gering wie möglich.

Hatten die Versuche, mit großen Metallmembranen entsprechend starke Lautwirkung zu erzielen, keinen Erfolg gehabt, weil sich die Schwingungen so großer Blechscheiben der Beherrschung entzogen, so glaubte man doch vielfach, den Zweck durch gleichzeitige Anwendung mehrerer normaler Membranen erreichen zu können. Cox Walker versuchte ein Telephon mit 8 Platten mäßiger Größe[1]), vor denen je ein Magnet mit Wicklung stand. Die Einrichtung soll befriedigt haben, ein bestimmtes Maß für die Wirkung wird aber nicht angegeben. Trouvé in Paris[2]) wollte in ähnlicher Weise die Sprechleistung erhöhen durch gleichzeitige Erzeugung von mehreren Strömen durch dieselben Schallwellen. Auch eine eigentümliche Hintereinanderschaltung von Membranen versuchte er, so daß man von einem Vielfachhörer sprechen könnte. Im ganzen gewinnt man von manchen solchen und ähnlichen Bestrebungen nicht den Eindruck einer gedanklichen Durchdringung der Aufgabe. Die Schalltechnik hat erst in neuerer Zeit beträchtlichere Fortschritte gemacht[3]). Damals herrschten noch meist verschwommene Begriffe davon. Jedenfalls hat keines dieser Mehrfachtelephone zur Nachfolge eingeladen. — Auf wesentlich festerer Grundlage stand Mercadier mit seinem Bitelephon, das zwei kleine Telephone für je ein Ohr mechanisch in sich vereinigte. Viel wichtiger sind aber Mercadiers planmäßige allgemeine Versuche geworden.

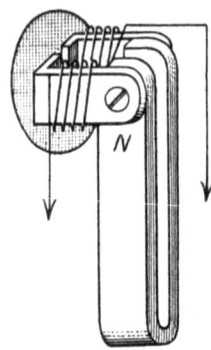

Abb. 28. Magnetform zum Ohrtelephon, Gr. 2:1.

Diese Untersuchungen Mercadiers haben sich auch auf den Ersatz der Eisenmembran durch solche aus Kupfer, Aluminium oder einem anderen Metalle erstreckt. Daß auch hier Plattenschwingungen durch die Wellenströme bei sonst ähnlichen Anordnungen zu erhalten sind, konnte kaum zweifelhaft sein, denn es treten zwar keine magnetischen, sondern elektrodynamische Kräfte in der

---

[1]) „Die Geschichte und Entwicklung ..." S. 35.
[2]) Barral: Histoire d'un inventeur (G. Trouvé) S. 363. Paris 1891.
[3]) Berger, R.: Die Schalltechnik. Braunschweig 1926.

Verschiedene Telephonarten.

Membran auf, die aber nach Mercadier gegenüber der Eisenmembran mehrere hundertmal schwächer sind, so daß sie nicht in Frage kommen können[1]).

Manche unter den vielen Neuerungen an Telephonen kamen nur dadurch zu vorübergehender Beachtung, daß ihr Urheber sich sonst schon einen bekannten Namen gemacht hatte. So das Telephon von d'Arsonval, das keinen wirklichen Fortschritt aufwies. Mitunter war es auch nur die Neuheit an sich und das dem Gegenstand damals noch manchmal anhaftende Spielerische, was einige Beachtung eines sonst harmlosen Versuches hervorrief. So begegnet man in Zeitschriften um 1877 ziemlich häufig dem „Weißblech=Telephon", das jemand aus einer Konservenbüchse hergestellt hatte, ohne sonstige sichtbare Vorzüge. Hier war offenbar der Gegensatz des minderwertigen Baustoffes zu der damals neuartigen Leistung von einem gewissen Reklamewerte gewesen.

Edison hat in seiner Fruchtbarkeit und bei seiner rührigen Arbeitsweise eine Reihe von Möglichkeiten erschöpft. Sein angedeutetes Elektromotograph=Telephon war ein Beispiel für ein Telephon ohne Elektromagnete. Er hat auch elektrostatische Wirkungen zu benutzen versucht und mit seinem Elektrophor=Telephon, wie es scheint, wenigstens den Einblick in das Feld erweitert. Er ist damit in die Richtung des Kondensator=Telephones gelangt, das lange ohne praktische Bedeutung blieb, bis es in neuester Zeit für gesteigerte Anforderungen herangezogen wurde.

Der erste, der ausgedehnte Versuche mit elektrischen Kondensatoren als Empfänger anstellte, wird Dolbear gewesen sein[2]). Vorschläge dazu sind aber vielleicht schon vorher von anderer Seite gemacht. Auch wird von einem Vorschlage berichtet[3]), den Böttcher in Hagenau „bald nach Bekanntwerden des Bellschen Fernsprechers" gemacht haben soll, nach dem ein Kondensator mit starker Batterie als Geber benutzt wurde. Das ist nicht klar und sollte vielleicht eine ganz andere Einrichtung bedeuten. — Um einen Einblick in die Grundlage der Versuche von Dolbear zu

---

[1]) Wietlisbach: Telephonie, 2. Aufl., S. 53. Wien u. Leipzig 1910.
[2]) ETZ 1881, S. 350; 1882, S. 334; 1884, S. 139.
[3]) „Die Geschichte und Entwicklung ..." S. 37.

gewinnen, wird eine vorherige kurze allgemeine Erörterung zweckmäßig sein.

Die Telephonie ist eine Übertragung mechanischer Arbeit mit Hilfe des elektrischen Stromes. Die Wirkung an der Empfangstelle, die Bewegung eines Schwingkörpers, wird bei allen bisher betrachteten Einrichtungen durch Vermittlung von Elektromagneten erreicht. Man kann aber eine ähnliche periodische Bewegung etwa einer Membran auch unmittelbar durch den elektrischen Strom erzielen, indem man ihn einen Kondensator laden und entladen läßt. Ein solcher Kondensator besteht in der einfachsten Form aus zwei einander möglichst nahe gegenüberliegenden leitenden Platten, die aber voneinander mindestens durch Luft, besser durch Harz, Hartgummi, Glimmer u. dgl. sicher isoliert sind. Verbindet man die beiden Pole einer Wechselstrommaschine mit je einer Platte, so sind die beiden Platten immer entgegengesetzt geladen, sie üben also aufeinander eine periodisch wechselnde Zugkraft aus. Dieses allgemeine Schema kann man auf das Telephon übertragen: Die eine der Platten wenigstens bildet man schwingungsfähig aus, d. h. man benutzt für sie eine dünne Membran, die nur am Rande mechanisch sicher gefaßt und isoliert sein muß. Dann wird die Membran infolge der wechselnden Ladungen schwingen wie früher unter Einfluß des wechselnden Magnetismus. Den Wechselstrom kann man aus der Induktionsspule entnehmen (siehe Abb. 25, Kurve II). Zum Erzeugen der Vorspannung der Membran muß hier eine besondere Batterie verwendet werden. Andere Schaltungsarten dürfen hier unberücksichtigt bleiben.

Scheinbar könnte man nun ja auf beide Arten der Übertragung dasselbe erreichen. Es ist aber kein Zufall, daß man zuerst auf den Elektromagnetismus als Mittel verfallen ist, und es hat seinen guten Grund, daß man für die Drahttelephonie dabei verblieb, denn die elektromagnetischen Wirkungen sind viel stärker als die elektrostatischen, jene erfüllen ihre Bestimmung also mit räumlich viel gedrängterem, auch billigerem Gerät. Die Leistungsfähigkeit des Kondensators hängt einmal von seiner Anordnung ab, die eine möglichst dichte Lagerung der Platten anstrebt, zum zweiten von der angelegten Spannung. Je höher diese ist, um so ausgiebiger wird der Kondensator bei jedem Wechsel „gefüllt" werden. Die hohe Spannung ist noch verhältnismäßig leicht aus der Induktionsspule zu gewinnen, aber es zeigt sich bald, daß sie sehr hoch angesetzt werden muß, um eine einigermaßen befriedigende Ausnutzung der Geräte zu erreichen. Damit wird die Schwierigkeit der Leitungsisolierung immer größer, und während man früher bei der Wahl der Betriebsspannung nur wirtschaftlicher Rücksicht zu folgen brauchte, ist man hierin nun wieder unfrei und muß ohnehin den Nachteil höherer Spannung in Kauf nehmen. Wie man es nun aber auch einrichten mag, immer werden die elektromagnetischen Geräte in Bequemlichkeit, Handlichkeit und räumlicher Anspruchslosigkeit die elektrostatischen unter sonst gleichen Umständen übertreffen. Das hat seinen letzten Grund in dem Energieunterschiede zwischen Magnetisierung und Elektrisierung. Im Eisen haben wir einen Stoff, dessen magnetische Aufnahmefähigkeit die der meisten anderen Stoffe vielhundertmal übertrifft. Einen solchen auffallend bevorzugten Stoff kennt die Elektrotechnik nicht, die besten, wie der Glimmer, sind nur wenige Male wirksamer als der Durchschnitt und immer noch sehr klein. Anders gesagt: Die räumliche Einheit magnetischen Stoffes kann das Hundertfache und mehr an Energie aufnehmen als eine gleiche Einheit dielektrischen Stoffes durch Elektrisierung vermag. Darauf kommt es aber bei dem Hin= und Herwogen der Energie gerade an. Diese Unterlegenheit in der spezifischen Leistung der Kondensatoren hat auch im Starkstrom ihre Verbreitung verhindert, so besonders willkommen sie hier gewesen wären. Ihre Mitwirkung würde zu kostspielig sein.

Welche Überlegungen Dolbear zu seinen Versuchen veranlaßten, über die er zuerst im März 1882 vor der Soc. of Telegr. Eng. in London berichtete, ist nicht deutlich zu erkennen. Man darf wohl annehmen, daß er zunächst eben versuchte, ob überhaupt der Kondensator für den Zweck geeignet sei. Die Kenntnis der dielektrischen Eigenschaften der Isolierstoffe nach ihrem Maße war damals noch nicht so geläufig, daß sich der Erfolg von vornherein schon vorhersehen ließ. Als dann die Erfahrung die Frage bejahte, wenn auch die Wirkung der ersten Einrichtung nur schwach sein mochte, suchte Dolbear ganz natürlich auch nach den Vorzügen der neuen und jedenfalls umständlicheren Übertragungsform. Als solche ergab sich in der Tat eine getreuere Wiedergabe der Laute als beim elektromagnetischen Telephon. Die Erklärung dafür ist in den magnetischen Eigenschaften des Eisens zu finden. Erstens nimmt bekanntlich der Magnetismus im Elektromagneten nicht geradlinig mit der Erregerstromstärke zu. Wesentlich störender ist aber noch die Hysteresis, infolge derer nicht dieselbe Stromstärke immer dieselbe Magnetisierung bedeutet, die vielmehr mit abhängt von dem vorhergehenden Zustande. Aus diesen Gründen werden die Sprachkurven verzerrt, also die Verständigung erschwert. Ein anderer Vorteil ist noch dem Kondensator-Telephon eigen, nämlich die geringeren Störungen durch Induktion aus benachbarten Schließungskreisen. Auf diese hatte bei der Empfindlichkeit des Telephones schon Werner Siemens in seiner Vorlesung 1878 hingewiesen. Sie haben ja auch bei der Ausdehnung der telephonischen Anlagen reichliche Schwierigkeiten bereitet. Für das Kondensator-Telephon sind sie deshalb von geringerem Einflusse, weil die von ihnen geweckten Spannungen einen kleineren Bruchteil der ohnehin nötigen Betriebsspannung betragen. — Diese gewiß beträchtlichen Vorteile haben indessen die Einführung des Kondensators als Empfänger in der Drahttelephonie nicht durchsetzen können und dort ist seiner nur als eines Entwicklungsgliedes zu gedenken. Man hat ihn übrigens seinerzeit auch noch in anderen Formen versucht, so als Blätter- oder Buchkondensator mit vielen Stanniol- und Papierblättern, um die Kapazität tunlichst zu erhöhen. „Das sprechende Buch" war aber kein Beweis für die Güte des Kondensator-Empfängers, denn es gab nur mit wenig angenehmer Stimme Kunde seines Daseins.

Die Einführung der Telephonanlagen hatte noch eine Aufgabe von erheblicher Schwierigkeit zu lösen, die Anruf-Vorrichtung. Die Empfänger sprachen nur leise und verlangten das Anlegen an das Ohr, wie im allgemeinen auch heute noch. Lautsprechende Telephone waren überhaupt noch nicht gelungen, es waren deshalb besondere Rufzeichen notwendig, die an der Empfangsstelle den Teilnehmer zum Anlegen des Empfängers an das Ohr aufforderten. Um die bestechende Einfachheit der Anlagen nach Bell nicht teilweise aufgeben zu müssen, bestand naturgemäß der Wunsch das Sprechgerät selbst auch zum Anrufen zu befähigen. Mit Einrichtungen verschiedener Art, wie Pfeifen oder Zungenbläsern, die im Ruhezustande auf die Sprechmuschel gesetzt waren, sollte die Membran des Gebers heftig erregt werden, um im Empfänger einen recht schrillen, in größerem Abstande vernehmbaren Laut zu erzeugen. Ganz befriedigen konnten diese Maßnahmen nicht, da eben die im Empfänger wirksame Schallstärke nicht hinreichte. Aussichtsvoller waren die sogenannten „sympathischen" Glocken, die von Fein in Stuttgart, Siemens & Halske, Weinhold in Chemnitz u. a. versucht wurden. Sie arbeiteten ohne Benutzung der Membranen, aber gemeinschaftlich mit ihnen und ohne Umschaltung. Auf der Geberseite befand sich eine Glocke, eine solche derselben Tonhöhe an der Empfangstelle. Zwischen beiden bestand eine induktive elektrische Kupplung wie bei der Sprechanlage selbst, nur waren die Verhältnisse so gewählt wie bei der Ton-Telegraphie nach La Cour u. a., d. h. die Empfängerglocke sprach nur bei ihrem Eigentone an. Es lag hier also der bemerkenswerte Fall vor, daß in derselben Anlage die beiden früher näher betrachteten Schwingungsarten gleichzeitig und nebeneinander benutzt wurden, eine praktische Darstellung ihres Unterschiedes. — Nach dem Siege des Mikrophones verloren solche, in organischem Zusammenhange mit dem Telephone arbeitenden Einrichtungen ihre Bedeutung und wurden allgemein durch gesonderte, ohnehin auch wirksamere Zeichengeber mit Umschalter, meist durch Klingeln ersetzt.

Rückblick auf die Entwicklung, Mittel des Fortschrittes.

In dem ersten Jahrzehnt nach dem stürmischen Auftreten des Bell-Telephones hat das Sprechgerät selbst eine eigenartige Entwicklung für die hauptsächlichen Gebrauchsarten erfahren: Die zuerst von Philipp Reis verwirklichte elektrische Übertragung mit Hilfe einer Stromquelle, die an der Gebestelle durch die Einwirkung des Schalles gesteuert wird, wurde zugunsten der einfacheren Übertragung nach Bell zurückgedrängt, wobei der Schall selbst durch Induktion die Energie zum Übertragen liefert. Dagegen gewann das erstere Verfahren wieder die Oberhand, übernahm von dem zweiten aber den hier unter anderen Voraussetzungen ausgebildeten Empfänger.

Die Grundlage für alle Formen der Sprachübertragung war die von der Physik übernommene Erkenntnis von der Zusammensetzung der Laute aus einer mehr oder weniger großen Anzahl einfacher Schwingungen. Damit ging Reis, in einer gewissen naiven Zuversicht, an die Ausführung seines Planes, ohne die großen Schwierigkeiten zu ahnen, die sich einer genauen Wiedergabe der Sprache entgegenstellen. Seine ersten Vorstellungen von dem Erzeuger der entsprechenden Lautbilder durch periodisches Schließen und Öffnen des Stromes waren irrig, sie wurden bald richtiggestellt durch eigene Einsicht und durch die tatsächliche, wenn auch nicht genau erklärbare Eigenschaft des unvollkommenen Kontaktes. Jedenfalls lieferte er mit noch unzuverlässigen Mitteln den praktischen Beweis für die Richtigkeit seines Vorgehens. Die späteren Mühen, besonders von Bell und Hughes, gleichgültig zunächst in welcher Abhängigkeit sie zu denen von Reis standen, brachten mit teilweise neuen Mitteln vor allem die für den öffentlichen Gebrauch nötige Zuverlässigkeit und Handlichkeit des Gerätes und in unablässiger, sorgfältiger Weiterbildung erreichte man, daß die zusammengesetzten Schwingungen bei der Übertragung ihre Eigenart behalten, wenigstens in hinreichendem Maße, um eine klare Verständigung zu ermöglichen.

Diese Entwicklung ist ganz auf dem Boden der Erfahrung erfolgt. Die Versuche zur Erklärung der Wirkungsweise des Mikrophones sind noch keine verläßlichen Führer zu seiner Formgebung geworden, die besondere Versuche und geduldiges Mühen überflüssig machten. — Aussichtsvoller schon mußte erscheinen, die Arbeit des Empfängers wissenschaftlich aufzuklären, d. h. die Erscheinungen auf wenige Grundlagen zurückzuführen und das Verhalten von neuen Formen sicher vorauszusehen. Das Zusammenspiel mechanischer und elektromagnetischer Vorgänge macht aber

Rückblick auf die Entwicklung, Mittel des Fortschrittes.

auch diese Frage so verwickelt, daß sie noch keine vollständige Lösung gefunden hat[1]). Jedenfalls fehlten offenbar in der ersten Entwicklungszeit vielfach selbst zutreffende Vorstellungen über die rein mechanischen Schwingungen. Das wird zum Teil an der wenig anschaulichen Art gelegen haben, mit der bis dahin die Schwingungslehre meist behandelt wurde. Man kann sich wenigstens vorstellen, wie wesentliche Hilfe bei der Aufhellung der mechanischen Vorgänge die Betrachtungsweise der Schwingungen hätte sein können, wie sie später E. Mach in seiner Mechanik angedeutet hat. So stützte sich der Fortschritt im Bau des Empfängers in der entscheidenden Zeit vollständig auf tastende Versuche. Noch 1887 bedauerte Silvanus Thompson[2]), daß seit 1877 wissenschaftlich nur wenig für das Telephon getan sei. Das Schrifttum über das Telephon war in dem Jahrzehnt zwar lebhaft im Inlande und Auslande, aber es war zum weitaus größten Teile nur beschreibend, doch wohl ein Zeichen, daß nur wenige etwas darüber hinaus zu sagen wußten. Die „Annalen der Physik und Chemie" brachten in der Zeit nur zwei Beiträge, die sich auf das Telephon bezogen. Den ersten gab Helmholtz[3]) unter dem Titel „Telephon und Klangfarbe". Er knüpfte dabei an eine Veröffentlichung von du Bois-Reymond an, die Gegnerschaft gefunden hatte, und folgerte in einer eingehenden mathematischen Behandlung, daß durch die Vermittlung der elektrischen Bewegung die Klangfarbe immer nur unerheblich beeinflußt werden kann. Es war eigentlich mehr eine physiologische Arbeit. Der andere Beitrag von Dierordt aus 1883 über die „Messung der Schallschwächung im Telephon"[4]) bezog sich dagegen unmittelbar auf das Telephon und behandelte die schon von Werner Siemens in seiner mehrfach erwähnten Vorlesung von 1878 angeschnittene Frage. Der Verfasser entwickelt eigene Meßverfahren und kommt damit zu günstigeren Werten als Werner Siemens nach seinen Schätzungen, (beispielsweise $\frac{1}{3700}$ statt $\frac{1}{10000}$), woraus aber doch kaum weniger eindringlich der niedrige Wirkungsgrad hervorgeht. Die Kundgebung

---
[1]) Siehe u. a. K. W. Wagner: ETZ 1911, S. 80ff.
[2]) ETZ 1887, S. 125.   [3]) Ann. Physik, Bd. 241, S. 448. 1878.
[4]) Ann. Physik, Bd. 255, S. 207. 1883.

von Werner Siemens war ein Vorbild der schlichten und wahren Behandlung eines noch im ersten Werden begriffenen Gegenstandes. Das Hervorheben der zunächst wichtigsten Punkte, der Ausblick auf die sich bietenden Möglichkeiten, die Besprechung einzelner Mittel in anschaulich physikalischer Darstellung, ohne jeden Anschein, die Grenzen der augenblicklichen, noch unzureichenden Erkenntnis überschreiten oder bestimmte Regeln für die Ausführung geben zu können, das alles machte die Abhandlung so durchsichtig und lehrreich, daß sie damals gewiß klärend gewirkt hat und noch jetzt lehrhaft sein könnte.

Es lag in der Art des neuen Gerätes und in dem Drange, erst zu einem vorläufigen praktischen Abschlusse zu kommen, daß die Entwicklung in den folgenden Jahren mehr tastend in die Breite ging, als bei langsameren planmäßigen Untersuchungen zu verweilen. Nur wenige, wie Momber[1]), befaßten sich mit Teiluntersuchungen. Doch meldete sich bald nach Durchbildung von Formen, die für die ersten Anlagen genügend brauchbar waren, schon das Bedürfnis nach vertiefter Kenntnis der Wirkungsweise durch feinere Messungen, die namentlich die Bewegungen der Membran zum Ziele nahmen. So entwickelte Frölich[2]) verschiedene brauchbare Meßverfahren, um die Ausweichungen der Membran festzustellen, ebenso A. Franke[3]). Als Beispiel für die hier auftretende Größenordnung sei der Wert 0,035 mm angeführt. Auf solchen und anderen Unterlagen hat dann Mercadier[4]), ähnlich auch d'Arsonval und Aubry, Erfahrungen gesammelt über die Gestaltung der maßgebenden Teile, der Membran, des magnetischen Feldes, der induzierten Spule, und in dieser Weise Anhaltspunkte für die Ausführung von Telephonen bekanntgegeben. In dieser Zeit wurde auch die Frage nach dem Einflusse der Leitungen auf die telephonische Verständigung nachdrücklicher aufgenommen und, von den Schwingungen der Membran ausgehend, das Verhalten der Gesamtanlage messend und mathematisch näher verfolgt. Eine der ersten Arbeiten bei diesem Aufbau der theoretischen Behandlung war die von A. Franke,

---
[1]) „Intensität der Telephonströme". Danzig 1881. [2]) ETZ 1887, S. 210.
[3]) ETZ 1890, S. 288.   [4]) ETZ 1891, S. 71.

Rückblick auf die Entwicklung, Mittel des Fortschrittes.

"Die elektrischen Vorgänge in den Fernsprechleitungen und =Apparaten"[1]).

Aus allen Beobachtungen und Erfahrungen hat sich im Laufe der Zeit eine Grundform des Empfängers ergeben, die durch einige, wenig veränderliche Zahlen und Bemerkungen gekennzeichnet sein mag: Der Durchmesser der Eisenmembran beträgt 50—60 mm, die Dicke 0,2—0,3 mm. Der Magnet wird so dicht an die Membran herangerückt, daß bei der größten Ausweichung noch ein kleiner Spielraum zwischen Membran und Magnetpolen verbleibt. Größere Freiheit haben natürlich die Wicklungen. Sie bestehen aus Kupferdraht von 0,10—0,15 mm Dicke und haben beispielsweise einen Widerstand von 100 Ohm, der unter der geringen Sekundärspannung der Induktionsspule vielleicht einen Strom von 0,10 Milliampere zuläßt. — Dieser normale Empfänger ist ein ausgeprägter Leisesprecher, der das Anlegen der Schallmuschel an das Ohr erfordert. Der Wirkungsgrad der Übertragung ist eben sehr niedrig, wie schon mehrfach betont. Man kann wohl jede beliebige Lautstärke durch Erhöhen der Relaiswirkung erreichen, aber auf dem Wege dahin leidet die Verständigung bald in einem Maße, daß ein Weitergehen zwecklos wird. Es ist allerdings gelungen, Lautsprecher für manche Stellen des Eisenbahnbetriebes, für Fabriken, als Kommandogeräte für Schiffe usw. herzustellen, mit denen man sich noch über einen Abstand von 10—15 m verständigen kann, ohne feinere Wiedergabe der Sprache zu verlangen. Man verwendet dazu besonders starke magnetische Felder und Mikrophone für bedeutende Stromstärke, neben vielen anderen Ergebnissen der Erfahrung. Im allgemeinen aber muß man deutliches und möglichst klanggetreues Hören mit leiser Wiedergabe erkaufen. Die Mittel zu Fortschritten in dieser Hinsicht sind noch zu schaffen. — Ohnehin muß man auch bei dem üblichen handlichen Leisesprecher hinsichtlich der Klangtreue gewisse Zugeständnisse machen. Eine Vorstellung von den mancherlei noch nicht geklärten Erscheinungen können beispielsweise die Tatsachen geben, daß bei Anlagen nach Bell die hohen Töne gegenüber den tiefen in der Wiedergabe begünstigt werden,

---
[1]) Berlin: Julius Springer 1891.

umgekehrt aber bei Mikrophonanlagen ohne Induktionsspule, während mit dieser wieder die hohen Frequenzen bevorzugt werden. An solchen einzelnen Erfahrungen werden deutlich die Lücken fühlbar, die der weiteren Forschung zum Ausfüllen überlassen sind.

Patentstreitigkeiten.

Fragen wegen der Patentrechte und ihrer Folgen sind bisher absichtlich vermieden, wie schon früher begründet, um die sachliche Beurteilung der Vorgänge und Zusammenhänge nicht zu beeinträchtigen. Die Patentschriften und sonstige damit zusammenhängende Äußerungen dienten im wesentlichen nur als weiterer Stoff für die technische Darstellung. Die Zweckmäßigkeit dieser Scheidung zeigt sich deutlich, wenn man beispielsweise die Leistungen von Reis, Hughes und Bell mit ihren wirtschaftlichen Erfolgen vergleicht. Reis, der doch, um das wenigste zu sagen, als erster die Grundform des heutigen Telephonwesens verwirklichte, blieb ohne klingenden Lohn wegen Mangel an geschäftlicher Gewandtheit. Hughes, von dessen fruchtbarer Arbeit jedes Mikrophon meldet, verzichtete überhaupt auf Patente und Einnahmen daraus. Bells Auftreten dagegen stand von Anfang an durch äußerst nachdrückliches geschäftliches Gebaren im Zeichen des großen äußeren Erfolges, auch dann noch, als seine wesentlichste Erfindung, die Übertragung der Sprachschwingungen durch selbsterzeugte Induktionsströme, wegen Ungenügens schon lange wieder aus dem Vordergrunde verdrängt war. Wie man sich nun auch zu solcher Kluft zwischen dem Verdienst im edlen Sinne an erfinderischen Kulturtaten und der äußeren Belohnung dafür stellen mag, bei dem untrennbaren Zusammenhange beider Erscheinungen und ihrer Rückwirkung aufeinander wird es immer lehrreich sein, auch die wirtschaftlichen Folgen der schöpferischen Leistung für den Urheber zu betrachten. Sieht man das Mühen des ernsthaften Erfinders als ersprießlich für das Gemeinwohl an, so kann man von der allgemeinen Würdigung des geschäftlichen Verlaufes Maßnahmen erwarten, die unverdientes Unheil abwehren und ebenso von leichtsinnigem Hingeben an aussichtsloses Tun abschrecken könnten. Abgesehen von diesem weiten Ziele wird aber das Aufdecken der wirtschaftlichen Seite von Erfindungen auch von mancher ergänzenden sachlichen Erkenntnis begleitet sein.

Zu einer Betrachtung des Schicksales einer Erfindung nach der kaufmännischen Richtung laden besonders dringlich ein gewisse Patentstreitigkeiten um das Telephon, von denen namentlich die Kämpfe um die Bell=Patente schon wegen des Umfanges der geschäftlichen Belange einen Weltruf erlangten, wenn auch keine gemütlich befriedigende Lösung fanden.

Der schnelle Anfangserfolg des Bell=Telephons, den das geschickte Vorgehen einer gut gefestigten Gesellschaft zu verzeichnen hatte, mußte naturgemäß sehr bald Ansprüche auf die Urheberschaft und Einwürfe gegen den Bereich der Patentrechte auslösen. Keime zu fertigen Schöpfungen werden sich immer leicht finden, denn sie sind letzten Endes Glieder organischen Werdens. Zudem wird auch der ehrliche und unbefangene Betrachter nach enthülltem Zusammenhange eine Neuschöpfung leicht als selbstverständlich ansehen, die in Wirklichkeit erst schwerer Gedankenarbeit entsprang. Neid und Mißgunst bilden schließlich einen fruchtbaren Boden für Angriffe auf geschäftliche Erfolge jeder Art. Den Lohn für wirkliche Schöpfungen in würdevoller Ruhe in Empfang zu nehmen, ward wohl noch keinem Erfinder zuteil.

Unter den Namen solcher, die schon alles Wesentliche von Bells Erfindung vorweggenommen haben sollten, wird vielfach der in Amerika lebende Italiener Meucci genannt. Allem Anscheine nach war er ein wirklicher Techniker und lebte unter wechselvollen Schicksalen, bis er frühzeitig durch den Tod weiterem Streben entrückt wurde. Enge Verhältnisse sollen ihm die wirksame Verfolgung seiner Ansprüche versagt haben. Näheres über ihn und seine Arbeit am Telephon berichtet die unten angegebene Quelle[1]). Ein Teil davon ist auch von Hennig S. 171 übernommen. Danach hätte eine Anzahl von Zeugen eidliche Aussagen über ihre Kenntnis des Telephons von Meucci gemacht. Näheres über dieses selbst enthielt, wie mitgeteilt wird, ein Caveat beim Patentamte vom Jahre 1871, das aber schon 1875 wegen unterlassener Erneuerung

---

[1]) Scient. Am. Suppl.=Bd. 17/18, S. 7407. 1884; Suppl.=Bd. 20, S. 8304. 1885; Suppl.=Bd. 54, S. 104. 1886.

verfiel. Als Entstehungszeit wird die Spanne von 1849 bis 1871 angegeben. Die Berichte über die Einzelheiten sind unklar. Manche Stellen wirken wie reiner Unsinn. So sollen die beiden miteinander sprechenden Personen auf Isolierstühlen von Glas sitzen, zu schweigen von anderen Sonderbarkeiten, die wie phantastische Häufungen von Unverstandenem aussehen. Im Gegensatze dazu zeigen Figuren des Caveat — immer die Richtigkeit der Wiedergabe angenommen — ausgebildete Telephone nach Bells Art mit Eisenmembran oder tierischer Membran und Elektromagnet. Das Ganze bleibt somit doch in Dunkel gehüllt. Veröffentlicht ist es frühestens 1884. Das Caveat, jetzt nicht mehr zulässig, war nur eine vorläufige, nicht bekannt gegebene Hinterlegung beim Patentamt, aus der möglicherweise ein Patent hätte entstehen können. Eine Urheberschaft gegen Bell konnte also aus dem Caveat nicht abgeleitet werden. Gegen die Wahrheit des Erfindereides von Bell konnte es so wenig bedeuten, wie die nachträglichen Veröffentlichungen. — Auch für die Entwicklungsgeschichte des Telephons scheiden die Arbeiten von Meucci, wie sie auch waren, ganz aus, da sie eben nicht rechtzeitig bekannt wurden. Daher fanden sie erst an dieser Stelle Erwähnung. — Es sei noch bemerkt, daß in Aosta ein Italiener Manzetti von seinen denkmalfreudigen Landsleuten 1886 als Erfinder des Telephons in Erz und Marmor verherrlicht wurde. Weder zeitlich noch sachlich hatte der so Gefeierte etwas voraus, der außerdem von Meucci der Entnahme seiner Erfindung beschuldigt sein soll.

Das Bell=Patent vom 14. Februar 1876 verlieh namentlich mit seinem 5. Anspruche die denkbar weitesten Rechte. Es war dadurch ganz allgemein gedeckt die Übermittlung von Lauten jeder Art, einschließlich der Sprechlaute, mit Hilfe elektrischer Wellenströme. Die Bell-Company nutzte ihr förmliches Recht rückhaltlos aus. Sie suchte mit ihrem Patente jede anderweitige Herstellung und Benutzung von Telephonen zu unterdrücken und mit ihren großen Mitteln vermochte sie in hohem Grade beengend auf das junge gewerbliche Gebiet zu wirken. Dagegen mußten sich natürlich auch von nicht geschäftlich beteiligter Seite Stimmen erheben, die eine so weitgehende Auslegung des Patentes unter

Hinweis auf frühere Telephone und Versuche damit für Unrecht hielten. Dabei kamen nun die neuen Versuche von Paddock mit einem alten Reis=Telephon, von denen S. 31 die Rede war, zu erhöhter Beachtung. Paddock hatte sofort Erfolge mit der Sprachübertragung gehabt. Für den 5. Patentanspruch von Bell war diese Frage wichtig, weil sie die richtige Deutung der ersten Mitteilung von Reis einschloß, ob sein Telephon auch wirklich die Sprache übertragen habe. War das anerkannt, so hätte eine Bekanntgabe durch eine öffentliche Druckschrift vorgelegen, die auch in Amerika Schwierigkeiten machen konnte. Wenn der gedruckte Vortrag von Reis auch nicht das einzige Beweismittel in der Richtung blieb, so war doch jedenfalls der Bell-Company eine Äußerung von Dr. Stein in Frankfurt a. M. sehr willkommen, die für das von ihm versuchte alte Reis=Telephon die Sprechfähigkeit verneinte[1]). Die alten Zweifel in neuer Auflage! Auf welchem Wege Dr. Stein in den Meinungsstreit hineingezogen wurde, kann gleichgültig sein. Ihm standen in Amerika außer Paddock selbst noch Prof. Houston gegenüber. Stein bezieht seine Behauptung auf die erste Form von Reis' Geber nach unserer Abb. 1, und niemand wird an der Erfolglosigkeit seiner Bemühungen zweifeln dürfen, aber auch nicht daran, daß andere mit demselben Gerät geschickter und glücklicher waren. Eine geübte Hand war ja für das Reis=Gerät immer nötig gewesen. Houston hat nun sorgfältig alle Einzelheiten des Briefes von Stein nachgeprüft und vermutet, dieser habe mit Arbeitstrom arbeiten wollen, statt mit Ruhestrom, d. h., daß beim Stillstande der Membran der Stromkreis nicht geschlossen war. Dann konnte freilich der Geber überhaupt erst bei einer gewissen Schallstärke ansprechen, und nach allen bisherigen Beobachtungen an losen Kontakten war so eine regelmäßige Sprachwiedergabe ausgeschlossen. Houston weist auch hin auf eine zeitgenössische Vorschrift zum Einstellen der Kontakte (entnommen aus Böttgers Polytechnischem Notizblatte), nach der schon im Ruhezustande Berührung bestehen müsse. Bei der späteren Form von Reis mit sanft an die Membran gelehntem Pendelchen war der Stromschluß

---

[1]) ETZ 1887, S. 138.

von vornherein gegeben, und dafür erkennt auch Stein die Sprechfähigkeit ausdrücklich an. Der eine mißglückte Versuch bewies also in Wirklichkeit gar nichts für Bell, seine Besprechung brachte nur eine willkommene Bestätigung der früheren Erfahrungen von Paddock. Dieser benutzte auch den Anlaß zu noch genauerer Angabe und Ergänzung seiner Versuchswerte. Er schloß ferner aus photographischen Aufzeichnungen der Kontaktbewegungen, daß beständig Stromunterbrechungen aufträten. Diese Beobachtung würde sich vollständig wohl nur bei eingehender Kenntnis aller Umstände würdigen lassen. Unbedenklich zustimmen wird man aber dem bestätigenden Schlusse Paddocks von der engsten Verwandtschaft zwischen dem Reis=Geber und allen inzwischen entstandenen Batterietelephonen, womit die Gleichartigkeit in der Benutzung von Wellenströmen ausgedrückt ist. — Die später noch gegebene Erwiderung[1]) von Dr. Stein bringt keine neuen Gesichtspunkte und darf auch im Hinblicke auf die früheren grundsätzlichen Erörterungen übergangen werden.

Ehe auf die Patentprozesse selbst näher eingegangen wird, muß hier wieder des verdienstvollen Mitarbeiters auf dem Telephongebiete gedacht werden, des Prof. A. E. Dolbear in Boston, der zwar auch in die Kämpfe gegen die Bell-Company verwickelt war, aber infolge zufälliger Umstände gerade in wichtigen Punkten neben Bell stand. Er scheint das verdrießliche Schicksal gehabt zu haben, immer etwas zu spät zu kommen. Dolbear hat sich auf allen damals in Frage kommenden Zweigen der Telephonie als fruchtbarer Arbeiter bewährt. Er vermochte auch neue Wege zu weisen und war in geistiger Hinsicht seinem Landsmanne Bell wohl sehr überlegen. Von seinem Kondensator als telephonischem Empfänger ist schon früher gesprochen, ebenso, daß man ihm als erstem die Verbesserungen an dem Bell=Telephon zuschreibt, die ganz wesentlich für dessen Emporgang waren, die Gleichgestaltung von Geber und Empfänger und namentlich den Ersatz des Elektromagneten durch den Dauermagneten für die magnetische Vorspannung. — Nach der Darstellung von Prescott[2]) ist Dolbear zuerst zu der Erkenntnis gekommen, daß die Batterie in Bells

---

[1]) ETZ 1887, S. 206.   [2]) Prescott, S. 19.

Telephon nur die Aufgabe habe, die Eisenkerne in Geber und
Empfänger zu polarisieren, daß also ein Dauermagnet dieselben
Dienste leisten müsse wie der gleichmäßig erregte Elektromagnet.
Die Wichtigkeit dieser Neuerung für die Zeit ihrer Entstehung und
für die Folge ist früher behandelt. Die Urheberschaft daran schreibt
sich, entgegen der angezogenen Darlegung, Bell selbst zu[1]).
Auch den Hufeisenmagneten will er erfunden haben, wenn er
auch zu der einpoligen Form zurückkehrte, was sich übrigens aus
der ersichtlich sehr unvorteilhaften Anordnung des ersteren wohl
erklärt. Umgekehrt wieder gibt Dolbear[2]) selbst eine Schilderung
seiner Arbeiten, nach der er sich für den eigentlichen Erfinder des
batterielosen Telephons, des jetzt allgemein herrschenden Emp=
fängers, halten muß. Er erzählt auch, wie er sich bemüht habe,
Bell zwecks einer Verständigung zu treffen, da immerhin die
Erfindungstermine nahe beieinander liegen mußten. Schließlich
habe Bell auch anerkannt, daß Dolbear unabhängig von ihm
die Erfindung gemacht habe. Es ist wohl zu beachten, daß sich
dieses Zugeständnis von Bell natürlich nur auf die fragliche
Einzelheit bezogen haben kann.

Die Bell=Prozesse.

Wie schon erwähnt, machte die Bell-Company ihre Rechte,
die ihr aus dem 5. Anspruche des Bell=Patents vom 14. Februar
1876 zustanden, nach dem Wortlaute geltend. Sie verbot anderen
Herstellung und Vertrieb elektrischer Telephone überhaupt und
hatte damit Erfolg. Noch 1888, also rund 12 Jahre nach Be=
stehen des Patentes von Bell, konnte die mächtige Inhaberin
sechs kleinere Unternehmungen durch Gerichtsentscheidung ab=
tun[3]). Es muß mehr als befremdlich erscheinen, wie seinerzeit
noch ein so grundlegendes Patent in Kraft treten konnte, wenn
man sich den damaligen Zustand der Erkenntnis und ihrer Ver=
breitung vergegenwärtigt.

Was vor Reis an Vorschlägen und Ausführungen von elek=
trischen Telephonen entstanden ist oder entstanden sein soll, wurde

---

[1]) Prescott, S. 74ff. [2]) Prescott, S. 263ff. [3]) Karraß, S. 467.

so gut wie gar nicht beachtet oder trat überhaupt nicht rechtzeitig ans Licht. Läßt man also diese Vorgänger ganz außer acht, so muß man das Bekanntwerden der Aufgabe und ihrer ersten Lösungen immerhin seit 1861 rechnen, in welchem Jahre Reis seinen ersten Vortrag hielt. Dieser Vortrag wurde im Jahresberichte des damals schon angesehenen Physikalischen Vereins in Frankfurt a. M. durch den Druck verbreitet, und ähnlich kam sein Vortrag auf der Naturforscher-Versammlung von 1864 in die Öffentlichkeit, zwar zunächst nur in Fachkreisen, aber doch in weitreichenden. Damit wäre für das jetzige deutsche Patentgesetz die Erfindung, soweit sie offenbart wurde, schon öffentlich bekannt gewesen. Bald danach ist sie auch in verschiedenen Fachblättern, so in dem damals bekanntesten von ihnen, „Dinglers Polytechn. Journal", veröffentlicht und nachweislich auch ins Ausland gekommen, insbesondere nach Amerika. Nachdrücklich muß hier auch auf die Bedeutung der „Gartenlaube" hingewiesen werden, da das Blatt in Amerika viele Leser hatte und ihnen im Jahrgang 1863 S. 807 eine volkstümliche und in allem Wesentlichen zutreffende Beschreibung des neuartigen Gerätes gab. Dort ist allerdings die Bezeichnung „Der Musiktelegraph" gebraucht, da sich wohl diese Seite des noch unvollkommenen Gerätes zunächst der Beachtung aufdrängte. Indessen ist auf S. 808 in beiden Spalten je im zweiten Absatze unzweideutig die Übertragung der Sprache hervorgehoben (siehe Anhang 3). Auch ohne Beachtung des ausländischen Schrifttums, das gewiß auch für die Verbreitung nicht unerheblich gewesen sein wird, darf man also wohl sagen, daß die Versuche und Ergebnisse von Reis mit der Übertragung der Sprache im Laufe der 60er Jahre über die ganze Welt bekannt wurden. Ein Beweis dafür kann auch in den mannigfachen Meldungen von früheren Erfindungen gesehen werden, nachdem die großen geschäftlichen Erfolge der Bell-Company die Aufmerksamkeit besonders nachdrücklich auf den Gegenstand gelenkt hatten. Ein Teil der nachträglichen Mitteilungen über Telephone, die dem Bell-Patente vorangingen, mag als nichtig angesehen werden. Es konnten aber nicht zufällig so viele Vorschläge in die enge Zeit von nur wenigen Jahren fallen, wenn nicht, eben durch vielfache Nachrichten und Erörterungen, der Boden dafür bereitet gewesen wäre.

Kennzeichnend in dieser Hinsicht und für manche damit zusammenhängende Punkte ist eine Arbeit "Early Telephones" im Scientific American[1]), die kurz nach Beginn des großen Bell=Prozesses erschien und offenbar die Lage sachlich klären helfen sollte, ohne erkennbare Voreingenommenheit für eine der Parteien. Es werden Beispiele früherer Telephone mitgeteilt, die vor Bell in Amerika ausgeführt, aber nicht patentiert und geschäftlich ausgebeutet wurden. Trotzdem hätten sie nach amerikanischem Patentrechte wirksam werden können.

Der Verfasser stellt zunächst fest, daß angesehene Kenner des Telephonwesens in Philipp Reis den Urheber des vollständigen und sprechfähigen Telephons sehen. Die Bell-Company finde aber eine Verletzung ihrer Patentrechte in jeder elektrischen Übertragung der Sprache durch andere. Alle früheren nachweislich erfolgten Ausführungen müßten deshalb das Bell=Patent seines außerordentlichen Umfanges berauben. Die mitgeteilten Lichtbilder von Telephonen sind von den Urstücken abgenommen, die nach beschworenem Zeugnis Jahre vor Bells Anmeldung hergestellt wurden.

Das erste Telephon stammt von Alfred G. Holcomb aus den Jahren 1860—61, wäre also beinahe gleichaltrig mit Reis' Telephon. Das würde im allgemeingültigen Sinne natürlich auch dann nicht vorweggenommen sein, wenn seine Entstehungszeit hinter der des Holcomb=Telephons angenommen würde, da dieses ja nicht vor Reis an die Öffentlichkeit trat. Abb. 29[2]) zeigt das Holcomb=Telephon in etwa halber natürlicher Größe. Man sieht die wagerechten Elektromagnetschenkel als Verlängerungen der Pole des winklig nach oben gebogenen Dauermagneten in Hufeisen= und Magazinform. Nach der etwas zu kurzen Beschreibung befindet sich auf der rechten, größeren Seite des Hörtrichters (dieses Telephon ist als Empfänger zu denken) eine dünne Holzscheibe als Membran, die mit einem bügelartigen,

---

[1]) Scient. Am. Bd. 54, S. 335 ff. 1886.
[2]) Wie die folgenden 2 Abbildungen Handzeichnung nach d. Scient. Am.

wohl etwas federnden Verbindungsstück den Anker vor den Polen schwebend hält. Das Telephon trägt also ganz die Kennzeichen von Bell und würde ohne weiteres mit einem gleichen, nur mit Sprechtrichter versehenen, zusammenarbeiten können. Es soll gut gesprochen haben, wenn auch manche Einzelheiten noch unvollkommen gewesen wären. Das scheint der Berichterstatter besonders auf den Anker zu beziehen, der ersichtlich zu klein sei. Das ist nicht recht zu verstehen, da der Anker nach der Zeichnung eher zu massig erscheint. — Die Versuche von Holcomb hat dann sein Freund George W. Beardslee fortgesetzt und um 1865

Abb. 29. Telephon von Alfred G. Holcomb. 1860/61. (Nach Scient. Amer. 1886, Bd. 54.)

ein Telephon auf gleicher Grundlage, aber in anderer Anordnung ausgeführt. (Die zu dieser Textstelle gehörenden Bilder sind zu undeutlich und deshalb hier fortgelassen.)

Für den Berichterstatter war schon damals (1886) das eigentliche Bell=System erledigt. Die eben beschriebenen Telephone kämen nur noch als Empfänger in Frage, als Geber sei ein Regler für Batteriestrom nötig und zwar ein solcher, wie er von Reis erfunden und benutzt sei und in Amerika von Prof. van der Weyde im Jahre 1869 ausgeführt wäre. Die Abb. 30 zeigt einen Geber, dessen Übereinstimmung mit dem von Reis (Abb. 2) nicht betont zu werden braucht. Man erkennt oben auf dem Kasten die Membran mit dem mikrophonischen Kontakte, an einer Seite den Sprechtrichter. Dieser Geber könne mit einem beliebigen

Die Bell-Prozesse.

Empfänger, wie mit den oben beschriebenen, zusammenarbeiten. Ebenfalls in die Fußstapfen von Reis trat van der Weyde bei Herstellung seines Empfängers (Abb. 31). Er benutzt auch die Vorrichtung von Page, die tönende Stricknadel, zu der Reis selbst wieder zurückgekehrt ist, weil er die anderen von ihm versuchten Formen nicht genug beherrschte. Man sieht auch hier den dünnen Stahlstab mit Bewicklung, der an einem Ende mit einer Art Resonator versehen ist, um dem Übelstande der zwar reinen, aber schwachen Wirkung abzuhelfen.

Abb. 30. Geber von Phil. van der Weyde um 1869. (Nach Scient. Amer. 1886, Bd. 54.)

Ersichtlich besteht der Verstärker in einem flachen Kästchen, dessen vorderer dünner Boden das eine Stabende trägt. Der Berichterstatter weist hin auf gleichartige Maßnahmen von Reis und wundert sich nur, daß man bei der Reinheit der so wiedergegebenen Töne nicht bald den Weg weiter verfolgt habe. Ein einfacher dicker Draht mit Erregerspule, dessen vorderes Ende eine Holzscheibe zum An-

Abb. 31. Empfänger von Phil. van der Weyde um 1869 (Nach Scient. Amer. 1886, Bd. 54.)

drücken an das Ohr trüge, gäbe einen einfachen und sehr reinen Empfänger. Auch hier muß, wie bei der früheren Betrachtung des Reis'schen Empfängers das verspätete Auftreten des scheinbar Nächstliegenden beachtet werden. — Lehrreich ist auch jedenfalls der Vergleich eines Empfängers der zuletzt angedeuteten Art und der jetzt üblichen mit Eisenmembran und Elektromagnet. — Noch nicht zufrieden mit seinem Empfänger hat van der Weyde ein Jahr später noch einen anderen versucht, fast gleich dem nach Abb. 3, der in Verbindung mit Batterie und Mikrophon gut gearbeitet haben soll. — Betont wird schließlich nochmals, daß die Modelle nachweislich keine Nachbildungen sind mit vielleicht unscheinbaren, aber doch wirksamen Abweichungen, sondern die fünfzehn oder zwanzig Jahre vor dem Bericht entstandenen Ur-Geräte.

Eine wichtige Bemerkung ist in die Arbeit eingeflochten, die vielleicht manche Mißverständnisse und Zweifel klären könnte. Sie bezieht sich auf die persönliche Eignung der Menschen zum Sprechen und Hören mit dem Telephon. Bei Versuchen mit den früheren Telephonen, das Bell-Telephon eingeschlossen, zeigte sich die Wiedergabe zeitweise schwach und undeutlich, manchmal in einem Grade, daß ungeübte Ohren überhaupt von den leisen Äußerungen des Empfängers nichts hören konnten. Bestehe doch ohnehin auch jetzt noch ein großer Unterschied der Eignung für Sprechen und Hören, wie viel mehr müßte das beim ersten unvollkommenen Gerät der Fall gewesen sein. Das ist sehr einleuchtend und hat gewiß manche Abweichungen in den Urteilen zur Folge gehabt.

Van der Weyde hat nach dem Berichterstatter seine Telephone zunächst nur zum Übertragen von Musik benutzt. Leider wird nicht ausdrücklich gesagt, seit wann er mit der Sprache begonnen. Andererseits werden die Geräte von Reis und van der Weyde auf eine Stufe gestellt als Vertreter der Einrichtungen mit besonderem Geber und Empfänger. "It is worthy of remark that the practical working instruments of to-day follow the lines indicated by the german school teacher." Die Anlagen nach Bell mit gleichen Geräten an beiden Enden der Linie seien minderwertig und das Bell-Telephon nur noch als Empfänger in Gebrauch.

Als eine bemerkenswerte Eigenschaft der beschriebenen Telephone sieht der Amerikaner ihre Entstehung im eigenen Lande an. Es habe immer etwas Unbefriedigendes, in Fragen der Vorwegnahme nach Europa zu schauen. Zudem gelte rechtlich auswärtige Vorbenutzung nicht als Vorwegnahme. Die drei hier in Frage

Die Bell-Prozesse.

kommenden Erfinder waren Einwohner der Vereinigten Staaten und arbeiteten zufällig in geringer Entfernung voneinander. Van der Weyde habe seine Gedanken besonders auf die Übertragung von Musik gerichtet und Holcomb habe sein Werk noch nicht für reif zur Patentierung erachtet. So wurden ihre Arbeiten wirtschaftlich erfolglos. — Diese Betrachtungen sind im Gegensatze zu den übrigen Teilen der Arbeit nicht ganz zweifelsfrei und bedürfen auch noch der Ergänzung durch Hinweise auf das amerikanische Verfahren in Patentsachen.

Am Schlusse der Arbeit wird an die alte Erfahrung in der Geschichte der Erfindungen erinnert, daß der Erfolg von der Schnelligkeit und Schneidigkeit abhinge. Bell gründete gleich eine leistungsfähige Gesellschaft und verschaffte sich und seinen Verbündeten das wertvollste Patent der Welt. Die eben gekennzeichneten Telephone entstanden lange vor dem Bell-Patente. Aber ohne Unterstützung durch geschäftliche Energie kamen sie außer Sicht und wurden nur wieder aufgeweckt als Hilfe im Kampfe gegen die Ansprüche der Bell-Company.

Weitere Äußerungen über den Zustand der telephonischen Erkenntnis in Amerika zur Zeit der Anmeldung Bells sind noch vielfach in die Öffentlichkeit getreten, nachdem die Bell-Patente für die Inhaber fruchtbar und für die Mitstrebenden furchtbar geworden waren. So wird von einem Telephon von Prof. Pickering in Massachusetts berichtet, das der Urheber schon 1870 seinem Hörerkreise vorgeführt hatte[1]. Besonders bemühten sich die verdienstvollen Physiker Dolbear und Houston[2] um die Aufhellung der Lage zu der entscheidenden Zeit, indem sie die Ansichten von vielen anderen Fachleuten darüber einholten. Meist wurde das Telephon auf Reis und auch weiter auf Meucci oder andere zurückgeführt. Das bedeutet doch, daß die Vorgänger in Amerika bekannt waren. Unter den Befragten war auch ein gewisser Charles Himes, der 1865 in Gießen zugegen war, als Reis sein Telephon beim Prof. Buff vorführte. Dolbear betonte nachdrücklich seine Auffassung[3], daß Bell nicht „der"

---

[1] Scient. Am. Bd. 55, S. 32.   [2] ETZ 1886, S. 223.
[3] Scient. Am. Bd. 54, 9. Jan., S. 20. 1886.

Erfinder des Telephons sei und fügt hinzu, wenn man nicht Reis als Erfinder des ersten Sprechtelephons anerkennen wolle, so sei es sicher Yeates. Diese Bemerkung ist sehr wichtig, denn meist beachten die Zweifler an Reis' Telephon gar nicht, daß unmittelbar hinter Reis als dessen Vollender Yeates stand.

Wenn sich nun auch noch keineswegs die öffentliche Aufmerksamkeit dem Telephonwesen zuwandte, so befand sich doch Bell, der seit 1872 an dahingehenden Fragen arbeitete, in einer für den Fachmann schon einigermaßen vorbereiteten Atmosphäre und es ist schwer zu verstehen, wie jemandem in seiner Lage die Kenntnis aller Vorgänge auf dem Gebiete verborgen geblieben sein könnte. Es setzt dies schon die Sinnesart und Arbeitsweise eines weltfremden Grüblers voraus, als welcher Bell in seinem späteren Verhalten gewiß nicht erscheint. Er hat aber den vom amerikanischen Gesetze vorgeschriebenen Erfindereid geleistet, er hat also auch beschworen, daß er der erste Erfinder ganz allgemein der Einrichtung zu sein glaubt, die Sprache mit Hilfe elektrischer Wellenströme zu übertragen. Man möchte nicht gern glauben, daß ein Ausschließungsrecht von so einschneidender Wirkung auf Grund einer unwahren Versicherung erteilt wäre und versucht unwillkürlich, alles heranzuziehen, was zur Bekräftigung von Bells Nichtwissen dienen könnte. Bei solchem Bemühen wird man an die anfänglichen Fehlschläge Bells denken, die wohl zu vermeiden waren, wenn er die Arbeiten von Holcomb und Weyde näher gekannt hätte. Das Reis=Telephon könnte er, wie viele andere, vielleicht zunächst nicht für ein wirkliches Sprechtelephon gehalten haben. Eine solche unvollkommene Erkenntnis würde aber seine eigene Schuld gewesen sein.

Das Patent war erteilt und die Bell=Company begann mit lobenswertem Eifer ihre Tätigkeit, der gewiß das schnelle Aufblühen des Telephonwesens zu danken war. Sie konnte sich wohl auch ohne den Anspruch 5 für gesichert halten, denn die eigentliche Erfindung Bells, die ihm niemand bestritt, die Benutzung von selbsterzeugten Induktionsströmen zum Übertragen, erschien anfangs als ein solcher Vorsprung gegenüber den Anlagen mit Batterien, daß letztere Anlagen kaum noch von Bedeutung sein konn=

Die Bell-Prozesse.

ten. Man muß deshalb zweifeln, ob die Aufnahme des Anspruchs 5 nur dem zünftigen Eifer eines Patentagenten zu danken war oder der überlegenen Voraussicht eines Technikers mit genauer Kennerschaft. Bald änderte sich auch das Bild. Der Vorgang von Reis fand doch zunehmende Nachfolge und nun ließ die Bell-Company alle Mitstrebenden die Macht fühlen, die ihr aus dem berüchtigten Anspruch 5 erwuchs. Die Verletzungsklagen vor den Gerichten mußten natürlich gelingen, solange das Patent in seinem ganzen Umfange bestand.

Am nächsten betroffen von dem Vorgehen der Bell-Company war natürlich Gray, der ja sein Caveat an ein und demselben Tage wie Bell eingereicht hatte, aber zwei Stunden später als dieser[1]). Von der Schar der Bedrängten wurde nun immer lauter behauptet, erstens, Bell habe seinen Erfindereid wider besseres Wissen abgegeben und zweitens habe er durch Bestechung eines ungetreuen Angestellten im Patentamte die Möglichkeit erhalten, seine schon eingereichte Anmeldung zu seinen Gunsten, unter Aufrechterhaltung der Anmeldezeit zu ändern. Worin diese Änderungen bestanden, ist nicht zu erkennen, angeblich waren es Beziehungen zu Grays Anmeldung.

Es ist sehr zu bedauern, daß in dem nun entstehenden Rechtskampfe die Anschuldigungen wegen Meineid, Bestechung, Betrug, Eigennutz höchster Beamter und sonstiger grober Unehrlichkeiten so mit den sachlichen Gründen vermischt waren, daß der Fall das Lehrhafte im ernsteren Sinne, das er sonst bieten würde, zum großen Teil verliert. Auch politische Einmischungen sollen bei den Prozessen mitgespielt haben[2]).

Schon die Größe der wirtschaftlichen Belange machte die immer lebhafter werdenden Streitigkeiten um das Bell-Patent zu einer öffentlichen Frage, und so konnte 1885 die amerikanische Regierung dem Andrängen der Geschädigten nicht mehr widerstehen, ihrerseits die Klage wegen Aufhebung der Bell-Patente beim obersten Gerichtshofe zu erheben. Die gerichtlichen Verfahren, die dabei durchgeführt wurden, muß man sich als eine Verfilzung der verschiedensten Fäden vorstellen, die nach den

---
[1]) ETZ 1886, S. 222.   [2]) ETZ 1888, S. 231.

einzelnen Beteiligten führten, wobei gerichtliche Erkenntnisse von 100 Druckseiten und darüber nichts Ungewöhnliches waren: Die Bell-Company soll in dem Kampfe alles aufgewendet haben, den Gang der Prozesse zu verschleppen und den Tatbestand zu verdunkeln. Zuerst wurde durch Gerichtsentscheidung der Regierung das Recht bestritten, selbst die Klage gegen ein Patent zu erheben. Erst als dieser Einwand beseitigt war, konnte im März 1886 der eigentliche Prozeß beginnen.

Die Angriffe richteten sich, wie zu erwarten, im wesentlichen gegen den Anspruch 5. Als Gründe dagegen wurden angeführt: Der unberechtigte Erfindereid Bells, die Bestechung des Beamten mit folgender Fälschung der Patentanmeldung, die Vorwegnahme durch die Telephone verschiedener Erfinder, das Vorbekanntsein der Einrichtung von Reis und seiner Leistungen.

Zu beweisen, daß jemand zu einer gewissen Zeit etwas gewußt oder gekannt habe, wird selten möglich sein und mit Bezug auf Bell ist es auch nicht gelungen. Überhaupt sind in Amerika nur in wenigen Fällen Verurteilungen wegen falschen Erfindereides erfolgt.

Die Bestechung des Beamten und die betrügerische Änderung der Anmeldung hat sich auch nicht beweisen lassen. Die Richter haben geurteilt, daß in der in Frage kommenden Zeit vom 14. bis 19. Februar 1876 Handlungen der behaupteten Art nicht hätten geschehen können.

Durch die früher beschriebenen, lange vor Bell ausgeführten Telephone von Dolbear, Holcomb, Beardslee, House und van der Weyde konnte nicht nur der Anspruch 5, sondern auch andere geschädigt werden. Das amerikanische Patentgesetz begünstigt in hohem Grade den Vorerfinder. Bei Nachweis durch Ausführung und Zeugenschaft kann dem früheren Erfinder nachträglich das Recht an einem fremden Patente erteilt werden. Auch das Mitbenutzungsrecht konnte im vorliegenden Falle verlangt werden. Schwierigkeiten scheinen daraus der Bell-Company aber nicht erwachsen zu sein. Vielleicht sind sie durch Unterhandlungen mit den Beteiligten vermieden worden.

Am gefährlichsten mußte dem Bell=Patente die Offenkundig=

keit des Reis-Telephons sein. Hier kamen auch ähnliche patentierte Geräte von Mc Donough und von D. Drawbaugh in Frage. Diesen Gordischen Knoten hat der Richter kurzerhand durchhauen, indem er erklärt, Reis habe nur musikalische Töne übertragen, nicht mehr, sein Telephon habe nie gesprochen und könne auch nicht sprechen. — Da man an der Gerechtigkeit des Richters nicht zweifeln darf, so muß man diesen angesichts der Tatsachen unverständlichen Schluß der sachlichen Urteilslosigkeit des Juristen zuschreiben. Es kam hier auf das Verständnis bestimmter Erscheinungsformen an, das sich mit allgemeinen juristischen Begriffen nicht erlangen ließ.

So blieb das Bell-Telephon im ganzen Umfange während der Patentdauer von 17 Jahren am Leben. Vielleicht weil sie des Streitens doch müde waren, haben sich die Gesellschaften von Bell und Gray bald nach dem ersten Gange vertragen, der noch weitergeführt hätte werden können, und haben ihre Patentrechte zusammengelegt. Innerlich befriedigend ist der Verlauf des Kampfes für den Zuschauer gewiß nicht gewesen. Was die Bell-Company errang, war nicht ein Sieg der größeren Geschicklichkeit und ehrlichen Kraft. So wurde das Urteil wohl in der ganzen Welt aufgefaßt, und auch Dr. Borns als Berichterstatter der ETZ läßt bei aller Unparteilichkeit seine ähnliche Meinung empfinden. Zu weiterer Bekräftigung ihres Standpunktes brachte die ETZ auch gleich danach aus der Feder von Grawinkel[1]) eine Beurteilung des Reis-Telephons als Sprechgerät, die in allen wichtigen Punkten mit unseren Schlüssen S. 39 f. übereinstimmt.

Die vielen anderen Patentprozesse, die von der Bell-Company in Amerika und dem Auslande geführt wurden, waren von geringerer Bedeutung. In Deutschland besaß Bell, wie schon früher erwähnt, keine Patentrechte.

Bells "The Deposition".

Wie schon früher S. P. Thompsons „Philipp Reis" zunächst außer acht blieb und erst nach Würdigung anderer Quellen herangezogen wurde, die für sich schon ein Urteil ermöglichten, so ist

---

[1]) ETZ 1888, S. 256.

aus gleichem Grunde bisher noch nicht von einem Buche gesprochen, das in engster Beziehung zu Bell und seiner Arbeit steht, auch in noch viel höherem Grade in bestimmter Richtung eingestellt, sonst freilich von ganz anderer Art ist als das Buch von Thompson. Verglichen mit diesem fehlt ihm namentlich der allgemein lehrreiche Inhalt und von erheblichem Werte wird es weniger für Techniker sein, als für engere Kreise, die vorwiegend die patentrechtlichen Begleiterscheinungen der Arbeiten Bells kennenlernen wollen.

Das Buch "The Deposition of Alexander Graham Bell" ist von der "American Bell-Company" in Boston verlegt und enthält die eidlichen Zeugenaussagen, die Bell in dem Prozesse der amerikanischen Regierung gegen ihn und seine Gesellschaft gemacht hatte. Das Buch faßt 470 Seiten, seine Richtung ist schon äußerlich durch die Verlagstelle und die Beigabe eines Bildes von Bell angedeutet. Herausgegeben ist es erst 1908, ein Menschenalter nach Entstehen der Bell-Patente, als der Sturm um sie sich schon lange gelegt und der Urheber sich ohne Erregungen, die in der Kampfzeit gewiß aufreibend genug waren, der Ergebnisse seiner Mühen bis zu seinem 1922 erfolgten Tode freuen konnte. Zunächst einige allgemeine Bemerkungen über die Aussagen Bells nach dem von G. H. Swan verfaßten Vorwort.

Nachdem im Sommer 1877 die Bell-Telephone auf den Markt gekommen waren, begannen schon ein Jahr später die Verletzungsprozesse gegen inzwischen entstandene andere Gesellschaften. Die erste Klage, nach einem der persönlich Beteiligten der Dowd-Sall benannt, gab gleich Anlaß zu umfangreichen Zeugenaussagen Bells, die dann in der folgenden Verhandlung gegen den mehrfach genannten Drawbaugh stark erweitert wurden. Auch in der später folgenden Löschungsklage der Regierung gegen die Bell-Patente konnte auf die früheren Aussagen Bezug genommen werden; aber die Vernehmung begann noch einmal von Anfang an. So ist die ungemein ausführliche Sammlung der eidlichen Aussagen Bells entstanden, die in dem Buche wiedergegeben ist. Da es hier auf dessen sachlichen Inhalt ankommt, braucht auf den äußerlichen Verlauf der sich vielfach kreuzenden Verfahren und die sonderbar verschleppten Termine nicht eingegangen zu werden. — Der vollständige Abdruck der Aussagen, die sich in Absätzen über viele Wochen erstreckten, erfolgte nach Angabe des Vorworts „wegen ihres geschichtlichen Wertes und wissenschaftlichen Interesses". Die Veranstalter werden aber natürlich diese Form der Veröffentlichung für die beste zur Rechtfertigung ihres Verhaltens in den zurückliegenden Jahren gehalten haben. Diese Aussagen bilden selbstverständlich nur einen Teil der gesamten Verhandlungen. Um den Zusammenhang mit dem Ganzen herzustellen, sind einige Hinweise in Fußnoten gegeben. Diese, das Vorwort und ein, in Anbetracht des umfangreichen Stoffes zu dürftiges Inhaltsverzeichnis, bilden die einzigen Krücken, auf denen man sich beim Verfolgen besonderer Punkte durch den Wald der 898 Fragen und Antworten hindurch fühlen muß. So macht die Sammlung, eingeleitet mit allen forensischen Feierlichkeiten, zwar einen sehr gewichtigen Eindruck, sie kann in ihrer tötlichen Breite aber auch auf wohl eingeweihte Leser im ganzen nicht anziehend wirken. Schon das Fehlen der ergangenen gerichtlichen Erkenntnisse, die doch hätten aufgenommen werden können, wenn auch unter starker Kürzung, machen den Zusammenhang der Aussagen zu lose. Der weitaus größeren Zahl der Leser und der Sache selbst würde gewiß mehr gedient gewesen sein mit einer übersichtlichen Darstellung der wesentlichen Vorgänge und ihrer Gründe. Für die weitere Klarstellung bestimmter Punkte konnte ja die Bell-Company jederzeit ihren Besitz an Unterlagen zur Verfügung stellen.

Unter den Bell-Patenten, um die es sich bei den Streitigkeiten handelte, sind hauptsächlich die beiden Patente nach den Anmeldungen vom 14. Februar 1876 und vom 30. Januar 1877 verstanden. Das erstere ist auf den Seiten 56 bis 62 vollständig mitgeteilt, von dem zweiten brauchte bisher noch nicht gesprochen zu werden, da es nur Einzelheiten, wenn auch sehr wertvolle, zur Durchführung der im ersten Patente gekennzeichneten Grundlagen enthielt. (Wegen der häufigen Bezugnahme auf die beiden Patente sind sie am Schlusse von "The Deposition" wiedergegeben.) Es ist nun angezeigt, aus der zweiten Patentschrift noch zwei

Telephonformen nachzutragen, die zum Vergleich dienen sollen. Die Einrichtung nach Fig. 7 der ersten Patentschrift hatte, wie erwähnt, Bells Erwartungen nicht entsprochen. Soweit man nach der nur skizzenhaften Darstellung schließen darf, wird der Grund des Mißerfolges das zu große Trägheitsmoment der schwingenden Teile gewesen sein. Das in Abb. 32 aus der zweiten Patentschrift wiedergegebene Telephon Fig. 2 zeigt nun aber, wenn man den kastenartigen Bau des Gestelles fortdenkt, alle Merkmale der schließlichen Form: Die schwingenden Teile sind in der Membran so weit verringert, wie die Rücksicht auf genügende magnetische Wirkung und Rückstellkraft erlaubt, der zusammengesetzte Magnet steht mit seinem armierten Ende dicht vor der Membran. Die

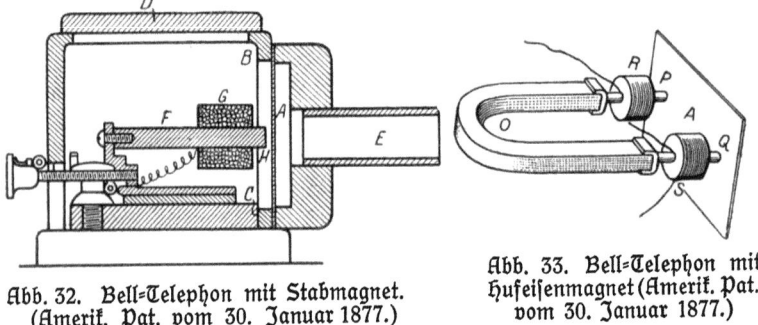

Abb. 32. Bell=Telephon mit Stabmagnet. (Amerik. Pat. vom 30. Januar 1877.)

Abb. 33. Bell=Telephon mit Hufeisenmagnet (Amerik. Pat. vom 30. Januar 1877.)

Wesengleichheit mit dem Telephon von Holcomb (Abb. 29) springt in die Augen. — In dem Bilde scheint sich die vollkommene Einsicht Bells in die günstigste Arbeitsweise der Teile auszu= sprechen. Einen anderen Eindruck erhält man aber von der An= ordnung nach Abb. 33 (Fig. 5 der Patentschrift). Sie widerspricht ganz der von Werner Siemens entwickelten und bis heute bewährten Bauweise (vergl. Abb. 10). Die Darstellung mag als mehr schematisch angesehen werden, sie würde aber auch als solche die Kennzeichen der richtigen Form andeuten, wenn Bell diese gekannt hätte. Daß er nachher die zweischenklige Ausführung zugunsten des einfachen Stabmagneten wieder aufgegeben hat, ist beim Anblick des Bildes erklärlich.

Auf das Buch im ganzen die Besprechung auszudehnen, ist natürlich in dem knappen Rahmen hier bei der Art und dem Umfange des Inhalts nicht möglich. Es sollen aber solche Stellen herausgesucht werden, die früher Mitgeteiltes ergänzen, namentlich aber auch die für die Beurteilung schon als entscheidend anerkannten Punkte näher beleuchten könnten.

Einigermaßen gründlich, zunächst rein äußerlich betrachtet, ist die Befragung von Bell erfolgt, man hat bis auf den Anfang seines Lebens zurückgegriffen und nach der Art seiner Erziehung und ersten Schulung geforscht, dann nach seinem Studium im besonderen in Akustik und Elektrizität. Bell hebt hier namentlich seine Beschäftigung mit Helmholtzschen Schriften hervor und bestätigt auf weitere Fragen auch seine Kenntnis der „Lehre von den Tonempfindungen". Diese Ausführlichkeit ist für uns zwar befremdlich, sie folgt aber wohl aus der Stellung des amerikanischen Patentamtes zum Erfinder. Dieser soll tunlichst geschützt werden, der Darstellung seiner persönlichen Leistung wird deshalb bei Streitfällen die größte Sorgfalt gewidmet, wozu auch, wie im vorliegenden Falle, die Ergründung aller Möglichkeiten gehört. Im gerichtlichen Verfahren führt das natürlich zu großen Umständlichkeiten. Nach der Befragung durch den Vertreter der einen Seite kann dann, wie hier, das Kreuzverhör von der anderen Seite her beginnen und ermüdende Wiederholungen herbeiführen. So ist beispielsweise von den ersten Schulbüchern Bells auf den ersten Blättern des Buches die Rede, dieselben Fragen treten aber 200 Seiten später wieder auf. Der Wert solchen Verfahrens zur Kenntnisnahme der Persönlichkeit mag im Augenblick erheblich sein, in der späteren wörtlichen Wiedergabe wirkt es tot.

Zudem ist immer wieder zu bedenken, wie weit bei aller Aufrichtigkeit des Befragten die Treue in der Wiederholung seelischer Vorgänge nach so vielen Jahren geht. Ein Beispiel dafür ist schon die Frage, wie und zu welcher Zeit die Erfindung des Sprechtelephons stattgefunden habe. — Gelegentlich trifft man die Vorstellung, Bell habe überhaupt nur die Absicht gehabt, einen akustischen Telegraphen herzustellen, also ein Monotelephon nach der Ausdrucksweise von Mercadier, ganz zufällig sei dabei ein, wenn auch noch wenig vollkommenes Pantelephon entstanden und der Gehilfe von Bell habe als erster die Sprache dieser Zufallserfindung verstanden. Das ist wohl eine Ausschmückung des S. 66 erwähnten Vorgangs, in dem der Gehilfe in der Tat als erster ein schwaches Tönen des Geräts von übrigens wohlbeabsichtigter Wirkung vernommen hat. Nach "The Deposition" S. 39 ff. ist nun das Werden des Bell-Telephons ganz anders und zwar planmäßig vor sich gegangen. Daß Bell sich zunächst eingehend mit dem akustischen Telegraphen befaßt hat und darauf erst mit dem Sprechtelephon, ist schon in der Patentanmeldung vom 14. Februar 1876 zum Ausdruck gekommen. Die nähere Beschäftigung mit dem Gegenstande überhaupt habe 1872 begonnen und 1874 schon sei eine Sprecheinrichtung derselben Art entworfen, wie sie in Fig. 7 der ersten Patentschrift dargestellt ist. Die Erwägungen, die zu der Erfindung geführt haben, sind ausführlich und folgerichtig dargestellt, vorausgesetzt eben, daß sich die Erinnerungsbilder, die ohne Absicht des Urhebers so leicht in wohlgeordneter Reihe erscheinen, mit der Wirklichkeit deckten.

War diese Frage wegen der genauen Entstehungszeit des ersten Bell-Patentes für die Beurteilung der entscheidenden Punkte von geringerer Bedeutung, so mußte die Feststellung besonders wichtig sein, soweit sich eine solche tatsächlich durchführen ließ, wann Bell Kenntnis der Versuche von Reis erhielt und in welchem Umfange. Zum ersten Male, sagt Bell aus (S. 42), habe er nach seiner Erinnerung im November 1874 durch einen Prof. Cross von dem Reis-Empfänger zu hören und zu sehen bekommen. Der erwähnte Professor hatte einen etwas früheren Zeitpunkt angenommen. In einer Fußnote wird hier von Reis gesprochen und sein Telephon abgebildet, das aber nicht sprechfähig gewesen sei. Diese Auffassung in einem der wichtigsten Punkte muß natürlich Bell vertreten haben, sie hat sich auch der Richter schließlich zu eigen gemacht. Triftige Gründe dagegen springen aus dem Frage- und Antwortspiel nicht heraus. Dafür werden zu weiterer Beweiskraft mehrere Sätze aus früheren Rechtsstreitigkeiten angeführt, die aber in ihrer Vereinzelung ohne jede Begründung hier nur den Eindruck wertloser Redewendungen machen. Damit ist eigentlich dieser Punkt schon erledigt. Ein wirklicher Gegenbeweis scheint gar nicht versucht zu sein. Auch die folgenden betreffenden Stellen S. 50/51 bringen dazu nichts von einiger Erheblichkeit, ebensowenig die Sätze auf S. 236. Die Erwähnung Bourseuls (S. 427) gibt wieder Anlaß, auch vom Reis-Telephon zu sprechen, ohne daß damit ein Fortschritt der Untersuchung verbunden ist. Soweit man von den einseitigen Zeugenaussagen auf die ganze Behandlung dieses Punktes schließen darf, erhält man einen recht ungünstigen Eindruck. Die gewichtigen Gründe für die Sprechfähigkeit des Reis-Telephons scheinen einfach beiseite geschoben. In der Tat ist ja die richterliche Entscheidung diesem Eindrucke entsprechend erfolgt.

Der schwer belastende Vorwurf der Durchstechereien mit einem Beamten des Patentamts, wodurch eine Verschiebung der Bellschen Anmeldung zum Nachteile der von Gray herbeigeführt sein soll, wird eingehend in einer Reihe von Fragen erörtert (S. 433 ff.). Der betreffende Prüfer im Patentamte, dessen angebliche Verfehlung im amerikanischen Schrifttume ohne viel Scheu unter Namennennung behandelt ist, hatte zunächst den Vorschriften entsprechend mit Rücksicht auf die Anmeldung von Gray für die Anmeldung Bells eine Wartezeit von neunzig Tagen verfügt, die aber infolge eines Rechtsirrtums schon nach einigen Tagen zurückgenommen wurde. Im Zusammenhange damit würden die Änderungen der Unterlagen stehen, die Bell gesetzwidrig ermöglicht sein sollen. Bell hat dagegen bezeugt, daß er den Prüfer nur einmal gesprochen habe, und daß sowohl er wie seine Anwälte nur in förmlichem Verkehr mit jenem gestanden hätten. Die vielen Fragen hierzu betreffen Einzelheiten, deren Zusammenhang mit dem Ganzen nicht immer deutlich ist. Bei dieser Gelegenheit wird von Bell auch die schon vorher gemachte Angabe wiederholt, daß seine Anmeldung vom 14. Februar 1876 ohne sein Wissen eingereicht sei. Auch hier läßt sich der Wert oder Unwert dieser Angabe für den Verlauf der Sache nicht genügend ersehen.

In die atemlos und ohne Gliederung aufeinander folgenden Fragen, die zum größeren Teile genaue Feststellungen äußerlicher

Dinge betreffen, sind selbstverständlich auch viele technischer Art eingestreut. Ob die Fragesteller technisch gebildet waren oder nur Kundige im Patentwesen, kann man schwer beurteilen. Manchmal wird man stark an juristische Verfahren erinnert, bei denen der eigentliche Inhalt der Verhandlung verschwindet und in dem geschickten Aufbau der aufgetretenen Begriffe die Entscheidung gesucht und gefunden wird. In anderen Fällen erscheint die Fragestellung wieder einfach, kurz und sachlich. Solche technischen Fragen treten beispielsweise auf S. 239 ff., wo es sich um Form und Verhalten der selbsttätigen Stimmgabeln nach Helmholtz handelt, ferner auf S. 281 ff. um ähnliche Geräte, im besonderen auch um die Erscheinungen an Flüssigkeitskontakten mit veränderlicher Eintauchtiefe. Hier ersucht der Fragesteller nochmals um Erklärung des Unterschiedes zwischen den Geräten für den harmonischen Telegraphen und dem Sprechtelephon, also um Beseitigung der Zweifel, die bei der Entwicklung der Telephonie so hinderlich waren. Man wird nun erwarten können, daß Bell gleich die erste Gelegenheit ergreifen würde, um diesen wichtigen grundsätzlichen Unterschied und die Bedingungen dafür auseinanderzusetzen. Denn nur so kann man natürlich zu einer wirklichen Verständigung gelangen, und andererseits lassen sich diese Geräte und ihre Grundlagen, wenn sie mal erkannt sind, in den Hauptzügen, wie immer, mit den einfachsten Mitteln erläutern. In den Antworten bringt Bell zwar immer ziemlich breite Auseinandersetzungen, kommt aber nicht zu einer grundsätzlichen Darstellung, die doch das ganze Verfahren in dieser Richtung ungemein vereinfachen würde. Entweder, so könnte man leicht denken, hätte also Bell selbst nicht den Schlüssel zu der Erkenntnis gehabt oder er wollte ihn nicht aufweisen, vielleicht in der Besorgnis vor unbequemen Fragen, die daraus entspringen könnten. An anderen Stellen wird freilich nicht verschmäht, bewährte Verständigungsmittel heranzuziehen. So wird (S. 212 ff.) das mechanische Telephon mit zwei Membranen und straffem Verbindungsfaden, das auf Hooke zurückgeführt wird, zur Veranschaulichung eingehend und sachgemäß benutzt.

Die Gründe, weshalb die früheren Versuche von Pickering,

Holcomb und anderen für Bell nicht patenthindernd oder wenigstens nicht patentschwächend wirkten, werden auch durch das Buch nicht unmittelbar erhellt, wiewohl von den Begegnungen mit dem Erstgenannten mehrfach die Rede ist (S. 231, 238). Das war aber gerade die Frage, zu deren Beantwortung sich schon in der vorhergehenden Untersuchung keine Handhabe bot.

"The Deposition" kann natürlich als bloße Sammlung der Aussagen des Beklagten kein vollständiges Bild der Vorgänge bieten, die den jungen Zweig des elektrischen Nachrichtenwesens so nahe berührten. Es fehlt das Ergänzungsstück von der Gegenseite und die Begleitumstände bleiben unberücksichtigt. Man erkennt deshalb häufig nicht das Ziel der Fragen. So schätzenswert die Vervollständigung der Kenntnis einzelner Punkte durch das Buch auch ist, so gibt es allein doch keinen Anlaß, die aus anderen Quellen gewonnenen Auffassungen wesentlich zu ändern. Nur als ein Teil der Unterlagen für eine eingehende Bearbeitung des Bell=Prozesses, die weniger aus technischen, denn aus sozialen Gründen anziehend sein dürfte, könnte das Buch einen größeren Wert erhalten.

Schluß.

Die Entwicklung des Telephons bis zur Reife für die allgemeine Benutzung ist nach allen Seiten hin ungewöhnlich lehrreich und um so eindringlicher, als sie sich im Laufe weniger Jahre vollzogen hat. Zunächst die persönlichen Leistungen schaffensstarker Erfinder in der natürlichen Gruppierung um die Namen Reis, Hughes und Bell, dann die aufopfernde Arbeit in der Ausbildung der Erfindung zu einem gewerblich brauchbaren Gerät, schließlich die Einführung in den öffentlichen Dienst. Die Entwicklung zeigt deutlich das oft unbewußte Zusammenarbeiten mehrerer schöpferischer Geister für das gleiche Ziel, ohne daß dabei der mehr oder weniger große Anteil des einzelnen verschwindet. Auch manche häßliche Begleiterscheinung zeigt das Entstehungsbild, und es ist gewiß gut, dagegen die Augen nicht zu verschließen. In rein technischer Hinsicht ist bemerkenswert, wie alle Bestrebungen sich um zwei einfache Grundformen und ihre Klarstellung bewegen, um den „losen Kontakt" und um den unter den Wellenströmen aperiodisch schwingenden Körper. Nicht minder lehrhaft ist die Beobachtung, mit wie bescheidenen wissenschaftlichen Mitteln ein Gerät die erste Reife erreichen konnte, um dessen feinere Ausbildung sich jetzt der Scharfsinn erfahrener Physiker zu mühen hat. Diese Tatsache sollte aber nicht zu dem Schlusse verführen, daß überhaupt nur wenig zünftige Wissenschaft nötig sei, um technische Fortschritte zu erzielen, sondern sie müßte eine Anregung für die Physik sein, mehr, als oft geschieht, die Grundlagen für die kommende technische Entwicklung vorzubereiten. Im Werdegange des Telephons ist offenbar die Kenntnis der physikalisch-anschaulichen Schwingungslehre, die auch die kinetische Seite gebührend berücksichtigt, zu wenig vorbereitet gewesen. Daß schon durch Riemann die dahin fallenden mathematischen Entwicklungen erledigt waren, konnte keinen Einfluß auf die technische Ausgestaltung haben.

Der reizvolle Gegenstand wird in Zukunft immer mehr erkenntnisfähige, lernbegierige Schüler anziehen.

Anhang.

1. Zu Seite 28: Aus dem Vortrage von Reis 1861 betr.:
Zusammensetzung der Sprechlaute aus einzelnen Tönen.

... Wie sollte ein einziges Instrument die Gesammtwirkungen aller bei der menschlichen Sprache bethätigten Organe zugleich reproduciren? Dieses war immer die Cardinalfrage. Endlich kam ich auf den Einfall, diese Frage anders zu stellen:

Wie nimmt unser Ohr die Gesammtschwingungen aller zugleich thätigen Sprachorgane wahr? Oder allgemeiner genommen:

Wie nehmen wir die Schwingungen mehrerer zugleich tönender Körper wahr?

Um diese Frage zu beantworten, wollen wir zunächst sehen, was geschehen muß, damit wir einen einzelnen Ton wahrnehmen. ...

... Was nun die Leistungen des Telephons anbelangt, so sei bemerkt, daß ich damit im Stande war, den Mitgliedern einer zahlreichen Versammlung (des Physikalischen Vereins zu Frankfurt a. M.) Melodien hörbar zu machen, welche in einem andern Hause (circa 300′ entfernt) bei geschlossenen Thüren (nicht sehr laut) in den Apparat gesungen wurden.

Andere Versuche ergaben, daß der tönende Stab im Stande ist, vollständige Dreiklänge eines Claviers, auf dem das Telephon steht, zu reproduciren, und daß endlich derselbe ebensogut die Töne anderer Instrumente: Harmonika, Clarinette, Horn, Orgelpfeife etc. widergibt, vorausgesetzt, daß die Töne einer gewissen Lage von F—$\bar{f}$ circa angehören.

Daß bei allen Versuchen hinreichend controlirt wurde, ob directe Schallleitung nicht mit im Spiel, versteht sich von selbst. Es geschieht diese Controle sehr einfach durch zeitweise Herstellung einer guten Nebenschließung unmittelbar vor der Spirale, wodurch natürlich die Wirksamkeit derselben momentan aufhört.

Es war bis jetzt nicht möglich, die Tonsprache des Menschen mit einer für Jeden hinreichenden Deutlichkeit wiederzugeben. — Die Consonanten werden größtentheils ziemlich deutlich reproducirt, aber die Vocale noch nicht in gleichem Grade. Woran dieses liegt, will ich versuchen zu erklären.

Nach Versuchen von Willis, Helmholtz und Anderen können Vocaltöne künstlich hervorgebracht werden, indem man die Schwingungen eines Körpers zeitweise durch die eines anderen verstärken läßt, etwa nach folgendem Schema: ... Unsere Sprachorgane erzeugen die Vocale wahrscheinlich in derselben Weise durch combinirte Wirkung der oberen und der unteren Stimmbänder, oder dieser letzteren und der Mundhöhle.

Mein Apparat gibt nun wohl die Anzahl der Schwingungen, aber mit weit geringerer Stärke als die der ursprünglichen; wenn auch, wie ich Ursache habe anzunehmen, immer noch bis zu einem gewissen Grade proportional unter sich. Jedenfalls ist aber bei den durchweg kleineren Schwingungen die Differenz zwischen großen und kleinen viel schwerer zu erkennen als bei den Originalwellen, und der Vocal daher mehr oder weniger unbestimmt.

Ob meine Ansichten in Betreff der den Tonverbindungen entsprechenden Curven richtig sind, dürfte vielleicht mit Hülfe des neuen von Duhamel angegebenen Phonautographen (Vierordt, Physiol. S. 254) entschieden werden.

Zur praktischen Verwertung des Telephons dürfte vielleicht noch sehr viel zu thun übrig bleiben. Für die Physik hat es aber wohl schon dadurch hinreichend Interesse, daß es ein Neues Arbeitsfeld eröffnet.

2. Zu Seite 91: Aus Werner Siemens' Vortrag vom 21. Jan. 1878, gelesen in der Berliner Akademie der Wissenschaften[1]).

Über Telephonie.

... Das Edison'sche Telephon ist sehr bemerkenswerth durch die Neuheit der Hülfsmittel, welche bei demselben zur Verwendung kommen, ist aber offenbar noch nicht zur praktischen Brauchbarkeit durchgearbeitet. Das Bell'sche Telephon dagegen hat in seiner merkwürdig einfachen Form in kurzer Zeit, namentlich in Deutschland, eine große Verbreitung gefunden, und es liegt bereits ein großes Erfahrungsmaterial zur Beurtheilung seiner Brauchbarkeit vor. Seine Mängel bestehen namentlich in der großen Schwäche der reproducirten Sprachlaute, die für ein deutliches Verständnis ein Andrücken der Schallöffnung an's Ohr und andererseits ein unmittelbares Hineinsprechen in dieselbe erforderlich machen. Dabei ist eine stille Umgebung nothwendig, damit das Ohr nicht durch fremde Geräusche abgestumpft und gestört wird. Ein noch schwerer wiegendes Hinderniß seiner praktischen Verwendung besteht aber darin, daß es auch vollständiger elektrischer Ruhe bedarf. Da es außerordentlich schwache Ströme sind, welche durch die schwingende Eisenmembran erzeugt werden und die andererseits die Eisenmembran des anderen Instrumentes in ähnliche Schwingungen versetzen, so genügen auch sehr schwache fremde Ströme, um die letzteren zu stören und verwirrende Geräusche anderen Ursprungs dem Ohre zuzuführen.

Um mir Anhaltpunkte für die Beurtheilung der Stärke der Ströme zu verschaffen, welche im Telephon thätig sind, stellte ich ein Bell'sches Telephon, dessen Magnetpol mit 800 Windungen 0,10 mm dicken Kupferdrahtes von 110 Q. E. Widerstand umwunden war, in einen Leitungskreis ein, der ein Daniell'sches Element mit einem Kommutator enthielt, durch den die Stromrichtung etwa 200 mal in der Sekunde umgekehrt wurde.

Ohne eingeschalteten Widerstand erzeugten diese Stromwellen im Telephon ein weithin hörbares, höchst unharmonisches und dicht am Ohr kaum zu ertragendes Geräusch. Durch Einschaltung von Widerstand verminderte sich dieses Geräusch, war aber bei Einschaltung von 200000 Einheiten noch sehr laut vernehmbar. Selbst einfache Schließungen und Öffnungen der Kette

---

[1]) Wissenschaftl. u. Techn. Arbeiten II. S. 353 ff. Berlin: Julius Springer 1891.

Anhang. 141

waren durch diesen Widerstand noch deutlich als kurzer Schall vernehmbar. Wurden 6 Daniells eingeschaltet, so konnte man das Geräusch durch 10 Millionen Einheiten noch deutlich vernehmen. Schaltete man 12 Daniells und 20 Millionen Einheiten Widerstand ein, so war das Geräusch entschieden deutlicher als im vorhergehenden Falle. In gleicher Weise fand ein Zunehmen seiner Stärke statt, als man 30 und 50 Millionen Einheiten mit 18 resp. 30 Daniells einschaltete. Es ist dies eine Bestätigung der Beobachtung von Beetz, daß der Elektromagnetismus bei gleicher Stromstärke schneller in Leitungskreisen von großem Widerstande mit entsprechend größeren elektromotorischen Kräften hervorgerufen wird, als in Leitungskreisen mit geringem Widerstande und verhältnismäßig geringeren elektromotorischen Kräften, da die in den Windungen des Elektromagneten auftretenden Gegenströme in letzterem Falle mehr zur Geltung kommen, als im ersteren. ... Um einen Anhalt dafür zu gewinnen, welcher Bruchtheil der Schallstärke, welche die Membran des einen Telephons trifft, von der des anderen wiedergegeben wird, stellte ich einige Versuche mit Spieldosen an. Die kleinere, welche kurze, scharfe Töne gab, war im Freien auf offener Fläche von guten Ohren noch in 125 m Entfernung hörbar, während man durch das Telephon nur noch einzelne Töne hörte, wenn das Telephon mehr als 0,2 m von der Spieldose entfernt wurde. Es wurde hier also nur ca. $\frac{1}{390\,000}$ des Schalles wirklich übertragen. Ein etwas größeres Spielwerk, welches weniger hoch gestimmt war und länger andauernde Töne gab, war im Freien nicht viel weiter zu hören, als die kleine Spieldose, aber das Telephon ließ die gespielte Melodie noch in 1,2 m Entfernung erkennen. Es ergiebt dies eine Übertragung von ca. $\frac{1}{10\,000}$ der vom Telephon aufgenommenen Schallstärke. Wenn nun auch die Sprachlaute, sowie tiefere und mehr getragene Töne, wahrscheinlich besser übertragen werden, als die Melodie der Spieldosen, so ist doch nicht anzunehmen, daß ein Bell'sches Telephon im Durchschnitt mehr wie $\frac{1}{10\,000}$ der Schallmasse, von der es getroffen wird, auf das andere Telephon überträgt.

Es folgt aus dem Obigen, daß das Bell'sche Telephon trotz seiner überraschenden Leistungen doch nur in sehr unvollkommener Weise die Schallübertragung bewirkt.

Daß wir die Sprache des durch so ungemein schwache Ströme erregten Telephons verstehen, verdanken wir nur der außerordentlichen Empfindlichkeit und dem großen Umfange unseres Hörorgans, welche dasselbe befähigen, den Schall des Kanonenschusses, den es noch in 5 m Entfernung verträgt, in einer Entfernung von 50 km noch zu hören, also Luftschwingungen noch innerhalb der 100millionenfachen Stärke als Schall zu empfinden. ... Da man eine ebene Membran nicht über eine ziemlich enge Grenze hinaus vergrößern kann, ohne die übertragenen Sprachlaute zu verwirren, so habe ich auf Helmholtz' Rath der Membran die Form des Trommelfelles des Ohres gegeben.

Man erhält diese Form nach Helmholtz, wenn man eine feuchte Pergamenthaut oder Blase über den Rand eines Ringes spannt und ihre Mitte dann durch eine Schraube oder anderweitig bis zur gewünschten Tiefe allmählich niederdrückt. Im getrockneten Zustande behält die Membran dann diese Form bei. Bildet man darauf nach dieser Form ein Metallmodell, so kann man Metallmembranen aus Messing- oder besser Aluminiumblech mit Hülfe derselben drücken, welche genau dieselbe Form haben, wie die erstere. So geformte Membranen sind namentlich zur Aufnahme der Schallwellen und zur Übertragung der lebendigen Kraft derselben auf in Schwingung zu setzende Massen — ein Zweck, den sie auch im Ohre zu erfüllen haben — besonders geeignet, da ihre Durchbiegung hauptsächlich in der Nähe des Randes der Membran erfolgt, während dieselbe bei der ebenen Membran mehr in der Nähe des Centrums stattfindet, bei ihr daher auch nur die die Mitte der Platte treffenden Schallwellen zur vollen Wirkung kommen. Ein solches Telephon mit einer Pergamentmembran von 20 cm Durchmesser, einer Drahtrolle von 25 mm Durchmesser, 10 mm Höhe und 5 mm Dicke, in einem durch einen starken Elektromagnet erzeugten, kräftigen, magnetischen Felde, überträgt jeden in einem Zimmer von mäßiger Größe an beliebigen Stellen hervorgebrachten Laut mit voller Deutlichkeit auf eine größere Zahl kleinerer Telephone. Bemerkenswert ist dabei die große Reinheit und Klarheit, mit der das Telephon die Sprachlaute und Töne überträgt. Es kann dies zum Theil von der zweckmäßigen Membranform, zum Theil aber auch davon herrühren, daß die Rolle bei der Verschiebung im cylindrischen, magnetischen Felde regelmäßigere sinusoïde Ströme erzeugt, als eine schwingende Eisenplatte. Wird eine solche Drahtrolle vermittelst einer Kurbel mit langer Krummzapfenstange schnell auf und nieder bewegt, so kann man sich eines solchen Apparates mit Vortheil zur Erzeugung von kräftigen Sinus-Strömen bedienen.

Zur Wiedergabe der Sprachlaute ist die Trommelfell-Membran-Form weniger gut geeignet. Es erscheint auch allgemein zweckmäßiger, mit kräftigen, größeren Instrumenten zu geben und mit kleineren, zarter und leichter konstruirten zu empfangen, wobei man das Instrument in die zweckmäßigste Lage zum Ohre bringt.

Zu kräftige Empfangsapparte haben den Nachtheil, daß die durch die Schwingungen ihrer Membran erzeugten Gegenströme die bewegenden Ströme schwächen und die sinusoïden Wellenzüge der inducirten Ströme verschieben, wodurch die Sprache undeutlich wird und fremde Klangfarben annimmt.

Es ist überhaupt kaum anzunehmen, daß es gelingen wird, Telephone nach Bell'schem Princip, bei denen die Schallwellen selbst die Arbeit der Hervorbringung der zu ihrer Übertragung erforderlichen Ströme zu leisten haben, in der Art herzustellen, daß sie eine in größerer Entfernung vom Telephon deutlich vernehmbare Sprache reden, und ganz unmöglich ist es, wie schon hervorgehoben, zu erzielen, daß sie die Schallmasse, von der ihre Membran getroffen wird, ungeschwächt oder gar verstärkt reproduciren. Diese Möglichkeit ist aber nicht ausgeschlossen, wenn eine galvanische Kette zur Bewegung der Membran des Empfangsapparates benutzt wird, welche dann die aufzuwendende Arbeit leistet. Reis hat dies mit Hülfe von Kontakten, Edison mit Hülfe des Graphitpulvers, welches er in den Leitungskreis der Kette einschaltet, auszuführen versucht. ...

Anhang. 143

3. Zu Seite 120: Aus „Die Gartenlaube" 1863, S. 808 ff.

Der Musiktelegraph.

... Wie sollte ein einziges Instrument die Gesammtwirkungen aller bei der menschlichen Sprache bethätigten Organe zugleich reproduciren? — Dies erschien ihm als Hauptfrage, die er nachmals strenger dahin formulirte: „wie nimmt unser Ohr die Gesammtschwingungen aller zugleich thätigen Sprachorgane wahr?" Oder allgemeiner ausgedrückt: „wie nehmen wir die Schwingungen mehrere zugleich tönender Körper wahr?"... Gelingt es nun also, die Schwingungen eines tönenden Körpers durch den galvanischen Strom so in die Ferne zu übertragen, daß dort ein anderer Körper in gleich rasche, und unter sich verhältnismäßig gleich starke Schwingungen versetzt wird, so ist das Problem des „Telephonirens" gelöst.

Denn es werden dann genau dieselben Wellenerscheinungen an dem entfernten Punkte hervorgerufen, wie sie an dem Ursprungsorte das Ohr empfängt; sie müssen also auch denselben Eindruck machen. Das Ohr wird an dem entfernten Punkte nicht nur die einzelnen Töne nach ihrer wechselnden Höhe und Tiefe, sondern nach der verhältnismäßigen Stärke der Schwingungen unterscheiden, und nicht nur einzelne Melodien, sondern ganze Orchesteraufführungen, ja auch Reden müssen zu gleicher Zeit an den von einander entlegensten Orten gehört werden können.

Die Möglichkeit der Lösung dieser Aufgabe hat nun Hr. Reis zuerst durch Experimente nachgewiesen. Es ist ihm gelungen, einen Apparat zu construiren, welchem er den Namen Telephon giebt und mittels dessen man im Stande ist, Töne mit Hülfe der Elektrizität in jeder beliebigen Entfernung zu reproduciren. Nachdem er schon im October 1861 mit einem ganz einfachen, kunstlosen Apparate in Frankfurt a. M. vor einer zahlreichen Zuhörerschaft einen mit ziemlichem Erfolg gekrönten Versuch angestellt, legte er am 4. Juli d. J. ebendaselbst in der Sitzung des physikalischen Vereins seinen seitdem wesentlich verbesserten Apparat vor, der bei verschlossenen Fenstern und Thüren mäßig laut gesungene Melodien in einer Entfernung von circa 300 Fuß deutlich hörbar übertrug.... Mag man nun auch zur Zeit noch weit davon entfernt sein, daß man mit einem mehrere Meilen entfernt wohnenden Freunde werde eine Conversation führen können, so steht doch jetzt schon so viel fest, daß man mittels des Telephons Gesangstücke aller Art, Melodien, die sich besonders in den mittleren Tonhöhen bewegen, auf das Deutlichste in unbegrenzt weiter Ferne zu reproduciren im Stande ist. Diese wunderbaren Resultate werden mit folgendem einfachen Apparate erreicht, den wir hier in seiner viertelnatürlichen Größe bildlich folgen lassen. ...

Literaturverzeichnis.

Berger, R.: Die Schalltechnik. Braunschweig 1926.
Bohn, C.: Ergebnisse physikalischer Forschung. Leipzig 1878.
Bois-Reymond, A. du: Erfindung und Erfinder. Berlin 1906.
Chwolson: Lehrbuch der Physik. II. Band: Akustik. Braunschweig 1904.
Cour, Paul La u. Jakob Appel: Die Physik. Braunschweig 1905.
Die Geschichte und Entwicklung des elektrischen Fernsprech=
   wesens. Berlin 1880.
Ferrini, Rinaldo: Technologie der Elektrizität und des Magnetismus.
   (Deutsch von M. Schröter.) Jena 1879.
Franke, Ad.: Die elektrischen Vorgänge in den Fernsprechleitungen und
   =apparaten. Berlin 1891.
Grawinkel, C.: Lehrbuch der Telephonie und Mikrophonie. Berlin 1884.
Große, O.: 40 Jahre Fernsprecher. Berlin 1917.
Günther, Siegm.: Geschichte der anorganischen Naturwissenschaften im
   19. Jahrhundert. Berlin 1901.
Hartmann, E.: Das Telephon, eine deutsche Erfindung. Frankfurt a. M.
   1899.
Helmholtz, H.: Lehre von den Tonempfindungen. Braunschweig 1863.
Hennig, R.: Die älteste Entwicklung der Telegraphie und Telephonie. Leip=
   zig 1908.
Hoffmann, E.: Das Telephon. Berlin 1878.
Hoppe, E.: Geschichte der Elektrizität. Leipzig 1884.
Karraß, Th.: Geschichte der Telegraphie. I. Teil. Braunschweig 1909.
Mach, E.: Über den Einfluß zufälliger Umstände auf die Entwicklung von
   Erfindungen und Entdeckungen. (Populär=wissenschaftliche Vorlesungen.
   4. Aufl. Leipzig 1910.)
— Erkenntnis und Irrtum. Leipzig 1910.
Matschoß, C.: Werner Siemens. Ein kurzgefaßtes Lebensbild nebst einer
   Auswahl seiner Briefe. 2 Bde. Berlin: Julius Springer 1916.
Momber, A.: Über die Intensität der Telephonströme. Danzig 1881.
Müller=Pouillet: Physik. Bd. 3, 9. Aufl. 1888—90.
Reis, Paul: Das Telephon und sein Anrufapparat nach seiner Entwicklung
   und seiner praktischen Anwendung. Mainz 1878.
Riedler, A.: Emil Rathenau und das Werden der Großwirtschaft. Berlin 1916.
Sack, J.: Die Telephonie, ihre Entstehung, Entwicklung und Verwertung als
   Verkehrsmittel. Berlin 1878.
Schenk, Prof. Dr.: Philipp Reis, der Erfinder des Telephons. Frankfurt
   a. M. 1878.
Schmidt, Georg: Telegraphie und Fernsprechwesen. (Im Lehrbuch der
   Elektrotechnik von Esselborn. Leipzig 1924.)

Siemens, Werner: Wissenschaftliche und Technische Arbeiten. Bd. 2. Berlin 1891.
Telephon, Phonograph und Mikrophon. Drei akustische Erfindungen. Sonderabdruck aus dem Jahrbuch der Erfindungen. Leipzig 1878.
Wiedemann, G.: Elektrizität. IV, 1. Braunschweig 1885.
Wietlisbach, V.: Handbuch der Telephonie. Wien-Leipzig 1910.

The Bell Telephone. (The Deposition of Alexander Graham Bell.) Boston 1908.
Fahie, J. J.: Historic Notes on the Telephone. (Reprinted from "the Electrician", Vol. X, No. 21, April 7th 1883.) London 1883.
Kingsbury, J. E.: The Telephone and Telephone Exchanges. London 1915.
Miller, Kempster B.: American Telephone Practice. New York, ohne Angabe des Erscheinungsjahres.
Preece, William H. and Julius Maier: The Telephone. London-New York 1889.
Prescott, George B.: The Speaking Telephone, Electric Light, and other Recent Electrical Inventions. New York 1879.
All about the Telephone and Phonograph. London, ohne Angabe des Erscheinungsjahres.
Thompson, Silvanus P.: Philipp Reis. Inventor of the Telephone. London 1883.

Barral, G.: Histoire d'un inventeur. (G. Trouvé.) Paris 1891.
Cour, Paul La: La roue phonique. Copenhague 1878.
Moncel, Th. du: Le Téléphone. Paris 1882.

Annalen der Physik und Chemie (und Beiblätter). Von 1838—1891.
Archiv für Post und Telegraphie. 5. Jg. 1877; 23. Jg. 1895.
Deutsche Klinik. Herausgegeben von Dr. Alexander Göschen, Bd. 15, Nr. 48. 1863.
Deutsche Verkehrszeitung, 1909 und 1920.
Didaskalia. Blätter für Geist, Gemüt und Publizität. Frankfurt a. M. 1854.
Dinglers Polytechn. Journal. Von 1833—1879.
ETZ 1881, 1882, 1884, 1886, 1887, 1888, 1889, 1891, 1895, 1909, 1911, 1917, 1922, 1924.
Die Gartenlaube 1863, Nr. 51.
Die Naturwissenschaften 1916, H. 50; 1824, H. 33.
Physikalische Zeitschrift 1909.
Die Umschau 1920.
Verkehrstechnische Woche Bd. 3. 1908/09.
Wissenschaftl. Veröffentlichungen aus dem Siemens-Konzern Bd. 3, H. 2. 1924.
Zeitschrift des Deutsch-Österreichischen Telegraphenvereines 1862.
Zeitschrift für Technische Physik 1922.

Journal of the Society of Telegraph-Engineers. Vol. VII. London-New York 1878.

Journal of the Society of Telegraph-Engineers and Electricians. London-New York 1883.
Proceedings of the Royal Academy of London, Bd. 27. 1878.
Scientific American Bd. 34 u. 35. 1876.
„ „ Suppl.=Bd. I. 1876.
„ „ Bd. 36 u. 37. 1877.
„ „ Bd. 38 u. 39. 1878.
„ „ Suppl.=Bd. IV. 1878.
„ „ Bd. 40 u. 41. 1879.
„ „ Bd. 51. 1884.
„ „ Suppl.=Bd. 17/18. 1884.
„ „ Suppl.=Bd. 19/20. 1885.
„ „ Bd. 54. 1886.
„ „ Bd. 55.
Comptes Rendus Bd. 86. 1878.
Patentschriften. Deutsche, englische, amerikanische Patentschriften.

Namenverzeichnis.

Albert 25, 44.
d'Alembert 7.
Arago 15.
d'Arsonval 105, 112.
Aubry 112.

Beardslee 122, 128.
Beetz 141.
Bell 1, 2, 13, 14, 18, 19, 44, 45, 46, 48, 49, 50, 51, 56, 57, 58, 62, 63, 64, 65, 66, 67, 68, 69, 70, 71, 72, 74, 78, 82, 83, 88, 89, 90, 91, 92, 93, 94, 96, 100, 101, 103, 105, 109, 110, 113, 114, 115, 116, 117, 118, 119, 120, 121, 122, 124, 125, 126, 127, 128, 129, 130, 131, 132, 133, 134, 135, 136, 137, 140, 141, 142.
Berliner 82, 85.
Blake 82, 83, 85.
Bohn 44.
Bois-Reymond, A. du 8.
— E. du 111.
Borns 129.
Böttcher-Frankfurt a. M. 31.
Böttcher-Hagenau 105.
Bourseul 10, 16, 17, 18, 20, 23, 33, 34, 37, 40, 43, 45, 66, 135.
Bréguet 13, 14.
Buff 125.

Capitaine 8.
Clemens 19, 20, 43.
Cross 134.

Daniell 140, 141.
Dolbear 66, 105, 107, 108, 118, 119, 125, 128.
Dowd 130.

Drawbaugh 129, 130.
Duhamel 140.
Du Moncel 18, 37.

Edison 81, 82, 85, 86, 89, 91, 92, 97, 99, 105, 140, 142.

Faraday 7, 15, 20, 64.
Fein 109.
Ferrini 29.
Franke 112.
Frischen 77, 103.
Frölich 112.
Froment 20.

Garnier 21.
Gauß 20, 21.
Graßmann 21.
Grawinkel 129.
Gray 46, 49, 51, 52, 54, 55, 56, 63, 65, 88, 89, 92, 99, 127, 129, 135.
Gretschel 29.

Hartmann 21, 22, 30, 36, 37, 43.
Helmholtz 7, 28, 33, 47, 63, 94, 111, 133, 136, 139, 141.
Hennig 12, 13, 14, 20, 28, 115.
Himes 125.
Holcomb 121, 122, 125, 126, 128, 132, 137.
Hooke 13, 15, 136.
Hoppe 36.
Horkheimer 87.
House 128.
Houston 31, 117, 125.
Hughes 2, 26, 30, 43, 46, 72, 73, 74, 75, 76, 77, 78, 80, 81, 82, 83, 85, 86, 91, 110, 114, 137.
Hunning 77.
Huth 10.

Namenverzeichnis.

Jobard 11.
Joule 24.

Karraß 13, 14.
Kensby 31.

Laborde 49.
La Cour 20, 28, 49, 50, 64, 109.
Ladd 24, 27, 30, 31, 44, 48.
Lambert 11.
Legat, v. 27.
Leibniz 21.
Lüdtge 77, 78, 79, 80, 81, 85.

Mach 8, 11.
Manzetti 116.
Maxwell 101.
Mayer, Robert 24, 41.
McDonough 129.
Mercadier 104, 105, 112, 133.
Meucci 10, 115, 116, 125.
Momber 112.
Morland 11.
Morse 2, 50.
Müller-Pouillet 35.

Newton 7.

Paddock 31, 117, 118.
Page 24, 26, 27, 34, 63, 86, 123.
Petrina 20.
Pfaundler 29, 34, 35, 36.
Pickering 125, 136.
Poggendorff 24.
Prescott 54, 118.

Quincke 44.

Reis 1, 2, 10, 14, 18, 19, 20, 21, 22, 23, 24, 25, 26, 27, 28, 29, 30, 31, 32, 33, 34, 35, 36, 37, 39, 40, 41, 42, 43, 44, 45, 46, 47, 48, 54, 55, 56, 63, 64, 65, 66, 68, 69, 72, 74, 77, 78, 79, 80, 82, 83, 84, 85, 86, 87, 88, 89, 91, 109, 110, 114, 117, 118, 119, 120, 121, 122, 123, 124, 125, 126, 127, 128, 129, 134, 135, 137, 139, 142, 143.
Reuleaux 8.
Riedler 6.
Riemann 138.
Romershausen 10, 12.

Siemens, Friedrich 33.
Siemens, Werner 2, 6, 7, 9, 14, 15, 25, 46, 68, 69, 70, 71, 90, 91, 92, 94, 95, 96, 97, 108, 111, 112, 132, 140.
Siemens & Halske 1, 68, 71, 103, 109.
Smith 32.
Stein 31, 117, 118.
Stieldorff 11.
Sudre 10.
Swan 130.

Tait 65.
Thompson 25, 40, 41, 42, 43, 44, 45, 50, 55, 83, 85, 86, 87, 88, 89, 111, 129, 130.
Thomson 31.
Trouvé 104.
Tyndall 41.

Varley 49, 50.
Dierordt 111, 140.

Wagner 23, 98.
Walker, Cox 104.
Watt 7.
Weinhold 109.
Wertheim 24.
Weyde, van der 48, 55, 122, 123, 124, 125, 126, 128.
Wheatstone 10, 12.
Willis 33, 139.
Wolfe 10.
Wunder 29.

Yeates 25, 27, 31, 37, 44, 48, 54, 55, 79, 80, 85, 88, 92, 126.

Verlag von Julius Springer in Berlin W 9

40 Jahre Fernsprecher. Stephan—Siemens—Rathenau. Von Geh. Oberpostrat O. Grosse. Mit 16 Textabbildungen. VI, 90 Seiten. 1917.
RM 3.—

Lebenserinnerungen von Werner von Siemens. Zwölfte Auflage. Mit 6 Tafeln und dem Bildnis des Verfassers. IV, 221 Seiten. 1922.
Gebunden RM 3.—

Werner Siemens. Ein kurzgefaßtes Lebensbild nebst einer Auswahl seiner Briefe. Aus Anlaß der 100. Wiederkehr seines Geburtstages herausgegeben von **Conrad Matschoß**. Zwei Bände. Mit 6 Bildnissen und der Nachbildung eines Briefes. XI, 977 Seiten. 1916. Unveränderter Neudruck. 1925.
Gebunden RM 36.—

Werner Siemens und der Schutz der Erfindungen. Von **Ludwig Fischer**. (Sonderabdruck aus „Wissenschaftliche Veröffentlichungen aus dem Siemens-Konzern", Band II.) IV, 69 Seiten. 1922. RM 2.—

Wissenschaftliche und technische Arbeiten. Von Werner v. Siemens. Erster Band: **Wissenschaftliche Abhandlungen und Vorträge.** Mit in den Text gedruckten Abbildungen und dem Bildnis des Verfassers. Zweite Auflage. VIII, 422 Seiten. 1889. RM 5.—
Zweiter Band: **Technische Arbeiten.** Mit 204 in den Text gedruckten Abbildungen. Zweite Auflage. X, 601 Seiten. 1891. RM 7.—

Ludwig Darmstaedters Handbuch zur Geschichte der Naturwissenschaften und der Technik. In chronologischer Darstellung. Zweite, umgearbeitete und vermehrte Auflage. Unter Mitwirkung von Prof. Dr. **R. du Bois-Reymond** und Oberst z. D. **C. Schaefer**, herausgegeben von Prof. Dr. **L. Darmstaedter**. XII, 1262 Seiten. 1908.
Gebunden RM 16.—

Georg von Siemens. Ein Lebensbild aus Deutschlands großer Zeit von **Karl Helfferich**.
Erster Band. Zweite Auflage. VIII, 336 Seiten. 1923.
RM 10.—; gebunden RM 11.50
Zweiter Band. Zweite Auflage. VI, 289 Seiten. 1923.
RM 8.80; gebunden RM 10.—
Dritter Band. Mit 1 Bildnis. VII, 403 Seiten. 1923.
RM 12.50; gebunden RM 14.—

Mein Lebensweg und meine Tätigkeit. Eine Skizze von **C. Bach**. VI, 108 Seiten. 1926. RM 4.20; gebunden RM 5.10

Verlag von Julius Springer in Berlin W 9

Handwörterbuch des Postwesens

Herausgegeben von

Wilhelm Küsgen
Ministerialdirektor im Reichspostministerium

Paul Gerbeth
Ministerialrat im Reichspostministerium

Heinrich Herzog
Präsident der Oberpostdirektion in Frankfurt (Oder)

Laurenz Schneider
Postrat in Berlin

Dr. Gerhard Raabe
Postdirektor in Berlin

Mit 167 Abbildungen. V, 724 Seiten. 1927

In Halbleder gebunden RM 57.—

Das Handwörterbuch des Postwesens ist ein Nachschlagebuch für jeden, der sich über Einzelfragen aller Art aus dem Gebiete der Verwaltung und des Betriebes der Post in Deutschland und im Auslande schnell, sicher und erschöpfend unterrichten will. Es vermittelt zugleich einen Gesamtüberblick über die Arbeitsgebiete der in- und ausländischen Postverwaltungen. — Es ist das erste Buch seiner Art in Deutschland und im Auslande. Es ist ein praktischer Führer und zuverlässiger Berater für den Fachmann wie für den Laien. Kein anderes Werk des Postfachschrifttums gestattet auch nur annähernd einen so schnellen und erschöpfenden Überblick über alle Fragen des Postwesens.

Ⓦ Franz X. Mayer's Handbuch des Telephon- und Telegraphendienstes. Behelf für den Telegraphendienst und zur Vorbereitung für die Telegraphenprüfung. Dritte, vermehrte und erweiterte Auflage. Neubearbeitet und ergänzt von **Ferdinand Goretschan**, Wien. („Technische Praxis", Band XVIII.) Mit 50 Abbildungen und 5 Tafeln. 205 Seiten. 1924. Pappband RM 3.50; gebunden RM 4.50

Der Fernsprechverkehr als Massenerscheinung mit starken Schwankungen. Von Dr. **G. Rückle** und Dr.-Ing. **F. Lubberger**. Mit 19 Abbildungen im Text und auf einer Tafel. V, 150 Seiten. 1924.
RM 11.—; gebunden RM 12.—

Die Stromversorgung von Fernmeldeanlagen. Ein Handbuch von Ing. **G. Harms**. Mit 190 Textabbildungen. VI, 137 Seiten. 1927.
RM 10.20; gebunden RM 11.40

Radiotelegraphisches Praktikum. Von Dr.-Ing. **H. Rein**. Dritte, umgearbeitete und vermehrte Auflage von Prof. Dr. **K. Wirtz**, Darmstadt. Mit 432 Textabbildungen und 7 Tafeln. XVIII, 559 Seiten. 1921. Berichtigter Neudruck. 1922. Gebunden RM 20.—

Die mit Ⓦ bezeichneten Werke sind im Verlag von Julius Springer in Wien erschienen.

Verlag von Julius Springer in Berlin W 9

Taschenbuch
der drahtlosen Telegraphie und Telephonie

Bearbeitet von

Reg.-Rat a. D. Dr. E. Alberti/Berlin; Dr.-Ing. G. Anders/Berlin; Dr. H. Backhaus/Berlin; Postrat Dipl.-Ing. Dr. F. Banneitz/Berlin; Dr.-Ing. H. Carsten/Charlottenburg; Prof. Dr. A. Deckert/Berlin; Postrat Dipl.-Ing. F. Eppen/Berlin; Prof. Dr. A. Esau-Jena; Prof. Dr. A. Gehrts/Charlottenburg; Ingenieur E. Gerlach/Berlin; Postrat Dipl.-Ing. W. Hahn/Berlin; Abt.-Dir. Dr.-Ing. H. Harbich/Berlin; Geh.-Rat Prof. Dr. W. Jaeger/Charlottenburg; Dr. N. v. Korshenewsky/Berlin; Dr. H. F. Mayer/Berlin; Dr. G. Meßtorff/Berlin; Dr. U. Meyer/Köln; Oberingenieur H. Muth/Berlin; Dr.-Ing. L. Pungs/Berlin; Oberingenieur J. Pusch/Berlin; Oberpostinspektor O. Sattelberg/Berlin; Dr. A. Scheibe/Charlottenburg; Oberpostrat H. Schulz/Berlin; Postrat Dr. A. Semm/Berlin; Oberpostrat H. Thurn/Berlin; Postdirektor F. Weichart/Berlin; Geh.-Rat Prof. Dr. K. Wirtz/Darmstadt; Telegraphendirektor Dr. A. Wratzke/Berlin; Regierungsrat Dr. G. Zickner/Charlottenburg

Herausgegeben von

Dr. F. Banneitz

Mit 1190 Abbildungen und 131 Tabellen

XVI, 1253 Seiten. 1927. Gebunden RM 64.50

Dies Buch enthält in knapper und exakter Darstellung alles, was der Ingenieur, Forscher und Betriebsbeamte an Unterlagen für Arbeiten auf dem Gebiet der drahtlosen Telegraphie und Telephonie braucht. Die einzelnen Abschnitte sind unter Berücksichtigung der letzten Erfahrungen von anerkannten Fachleuten bearbeitet. Durch ausführliche Literaturhinweise sind die einzelnen Kapitel ergänzt.

Die wissenschaftlichen Grundlagen des Rundfunkempfangs. Vorträge von bekannten Fachleuten, veranstaltet durch das Außeninstitut der Technischen Hochschule zu Berlin, den Elektrotechnischen Verein und die Heinrich-Hertz-Gesellschaft zur Förderung des Funkwesens. Herausgegeben von Prof. Dr.-Ing. e. h. Dr. K. W. Wagner, Mitglied der Preußischen Akademie der Wissenschaften, Präsident des Telegraphentechnischen Reichsamts. Mit 203 Textabbildungen. Erscheint im Juni 1927.

Drahtlose Telegraphie und Telephonie. Ein Leitfaden für Ingenieure und Studierende. Von L. B. Turner. Ins Deutsche übersetzt von Dipl.-Ing. W. Glitsch, Darmstadt. Mit 143 Textabbildungen. IX, 220 Seiten. 1925. Gebunden RM 10.50

Englisch-Deutsches und Deutsch-Englisches Wörterbuch der Elektrischen Nachrichtentechnik. Von O. Sattelberg, im Telegraphentechnischen Reichsamt Berlin.
Erster Teil: **Englisch-Deutsch.** 292 Seiten. 1925. Gebunden RM 11.—
Zweiter Teil: **Deutsch-Englisch.** VIII, 320 Seiten. 1926.
Gebunden RM 12.—

Verlag von Julius Springer in Berlin W 9

Handbuch der Physik
Unter redaktioneller Mitwirkung von
R. Grammel-Stuttgart, F. Henning-Berlin, H. Konen-Bonn,
H. Thirring-Wien, F. Trendelenburg-Berlin, W. Westphal-Berlin
herausgegeben von **H. Geiger** und **Karl Scheel**

Fertig liegen vor:

Band I: **Geschichte der Physik. Vorlesungstechnik.** Bearbeitet von E. Hoppe, A. Lambertz, R. Mecke, K. Scheel, H. Timerding. Redigiert von Karl Scheel. Mit 162 Abbildungen. VIII, 404 Seiten. 1926. RM 31.50; geb. RM 33.60

Band II: **Elementare Einheiten und ihre Messung.** Bearbeitet von A. Berroth, C. Cranz, H. Ebert, W. Felgentraeger, F. Göpel, F. Henning, W. Jaeger, V. von Niesiolowski-Gawin, K. Scheel, W. Schmundt, J. Wallot. Redigiert von Karl Scheel. Mit 297 Abbild. VIII, 522 Seiten. 1926. RM 39.60; geb. RM 42.—

Band VII: **Mechanik der flüssigen und gasförmigen Körper.** Bearbeitet von J. Ackeret, A. Betz, Ph. Forchheimer, A. Gyemant, L. Hopf, M. Lagally. Redigiert von R. Grammel. Mit 290 Abbildungen. X, 413 Seiten. 1927. RM 34.50; gebunden RM 36.60

Band IX: **Theorien der Wärme.** Bearbeitet von K. Bennewitz, A. Byk, F. Henning, K. F. Herzfeld, W. Jaeger, G. Jäger, A. Landé, A. Smekal. Redigiert von F. Henning. Mit 61 Abbildungen. VIII, 616 Seiten. 1926. RM 46.50; geb. RM 49.20

Band X: **Thermische Eigenschaften der Stoffe.** Bearbeitet von C. Drucker, E. Grüneisen, Ph. Kohnstamm, F. Körber, K. Scheel, E. Schrödinger, F. Simon, J. D. van der Waals jr. Redigiert von F. Henning. Mit 207 Abbildungen. VIII, 486 Seiten. 1926. RM 35.40; gebunden RM 37.50

Band XI: **Anwendung der Thermodynamik.** Bearbeitet von E. Freundlich, W. Jaeger, M. Jakob, W. Meißner, O. Meyerhof, C. Müller, K. Neumann, M. Robitzsch, A. Wegener. Redigiert von F. Henning. Mit 198 Abbildungen. VIII, 454 Seiten. 1926. RM 34.50; gebunden RM 37.20

Band XIV: **Elektrizitätsbewegung in Gasen.** Bearbeitet von G. Angenheister, R. Bär, A. Hagenbach, K. Przibram, H. Stücklen, E. Warburg. Redigiert von W. Westphal. Mit 189 Abbildungen. VII, 444 Seiten. 1927. RM 36.—; gebunden RM 38.10

Band XV: **Magnetismus. Elektromagnetisches Feld.** Bearbeitet von E. Alberti, G. Angenheister, E. Gumlich, P. Hertz, W. Romanoff, R. Schmidt, W. Steinhaus, S. Valentiner. Redigiert von W. Westphal. Mit 291 Abbildungen. VII, 532 Seiten. 1927. RM 43.50; gebunden RM 45.60

Band XVII: **Elektrotechnik.** Bearbeitet von H. Behnken, F. Breisig, A. Fraenckel, A. Güntherschulze, F. Kiebitz, W. O. Schumann, R. Dieweg, D. Dieweg. Redigiert von W. Westphal. Mit 360 Abbildungen. VII, 392 Seiten. 1926. RM 31.50; gebunden RM 33.60

Band XXII: **Elektronen. Atome. Moleküle.** Bearbeitet von W. Bothe, W. Gerlach, H. G. Grimm, O. Hahn, K. F. Herzfeld, G. Kirsch, L. Meitner, St. Meyer, F. Paneth, H. Pettersson, K. Philipp, K. Przibram. Redigiert von H. Geiger. Mit 148 Abbild. VIII, 568 Seiten. 1926. RM 42.—; gebunden RM 44.70

Band XXIII: **Quanten.** Bearbeitet von W. Bothe, J. Franck, P. Jordan, H. Kulenkampff, R. Ladenburg, W. Noddack, W. Pauli, P. Pringsheim. Redigiert von H. Geiger. Mit 225 Abbildungen. X, 782 Seiten. 1926. RM 57.—; gebunden RM 59.70

Band XXIV: **Negative und positive Strahlen. Zusammenhängende Materie.** Bearbeitet von H. Baerwald, O. F. Bollnow, M. Born, W. Bothe, P. P. Ewald, H. Geiger, H. G. Grimm, E. Rüchardt. Redigiert von H. Geiger. Mit 374 Abbildungen. XI, 604 Seiten. 1927. RM 49.50; gebunden RM 51.60

Jeder Band ist einzeln käuflich.

If you have any concerns about our products,
you can contact us on
ProductSafety@springernature.com

In case Publisher is established outside the EU,
the EU authorized representative is:
**Springer Nature Customer Service Center GmbH
Europaplatz 3, 69115 Heidelberg, Germany**

Printed by Libri Plureos GmbH
in Hamburg, Germany